无人机系统特征技术系列

总主编 孙 聪

面向适航的无人机系统
安全性动力学建模与仿真

Airworthiness Oriented Unmanned Aerial System
Safety Dynamics Modeling and Simulation

卢 艺 张泽京 张曙光 著

上海交通大学出版社
SHANGHAI JIAO TONG UNIVERSITY PRESS

内容提要

　　本书针对当前国内外军民用无人机系统安全性水平尚难以满足未来适航规章要求的现状，基于国际前沿的"动态反馈回路视角"下的系统安全性理论，突破了传统的以"纯语言描述"和"事件链模型"为基础的安全性思想的局限，以强化未来大型无人机系统适航在管理和技术活动中应具有的"系统性"和"动态性"特征要求。尤其是并非仅关注无人机本体的技术系统可靠性/安全性，而是系统性地考虑了无人机系统研制、运行和维护过程中多层级、多维度的风险因素的耦合作用，创新性地提出了"系统安全性动力学"的建模和仿真方法，用模型化工具支持无人机系统安全性水平的全局性评估及管控策略的形成，为未来我国大型民用无人机系统面向适航规章要求降低运行成本、提高政策管控效率、保障公众安全提供了可资参考的解决思路。

图书在版编目(CIP)数据

面向适航的无人机系统安全性动力学建模与仿真/卢艺,张泽京,
张曙光著.—上海:上海交通大学出版社,2021(2024 重印)
(无人机系统特征技术系列)
ISBN 978-7-313-23740-8

Ⅰ.①面… Ⅱ.①卢…②张…③张… Ⅲ.①无人驾驶飞机-飞机
系统-系统建模②无人驾驶飞机-飞机系统-系统仿真 Ⅳ.①V279

中国版本图书馆 CIP 数据核字(2020)第 168373 号

面向适航的无人机系统安全性动力学建模与仿真
MIANXIANG SHIHANG DE WURENJI XITONG ANQUANXING DONGLIXUE JIANMO YU
FANGZHEN

著　　者：卢　艺　张泽京　张曙光
出版发行：上海交通大学出版社　　　　　　　　　地　　址：上海市番禺路 951 号
邮政编码：200030　　　　　　　　　　　　　　　电　　话：021-64071208
印　　制：上海万卷印刷股份有限公司　　　　　　经　　销：全国新华书店
开　　本：710mm×1000mm　1/16　　　　　　　印　　张：14.5
字　　数：248 千字
版　　次：2021 年 1 月第 1 版　　　　　　　　　印　　次：2024 年 9 月第 2 次印刷
书　　号：ISBN 978-7-313-23740-8
定　　价：108.00 元

无人机系统特征技术系列编委会

总　序

　　无人机作为信息时代多学科、高技术驱动的创新性成果之一，已成为世界各国加强国防建设和加快信息化建设的重要标志。众多发达国家和新兴工业国家，均十分重视无人机的研究、发展和应用。《"十三五"国家战略性新兴产业发展规划》及我国航空工业发展规划中都明确提出要促进专业级无人机研制应用，推动无人机产业化。

　　无人机是我国具有自主知识产权的制造名片之一。我国从20世纪50年代起就开始自主开展无人机研究工作，迄今积累了厚实的技术和经验，为无人机产业的后续发展奠定了良好的基础。近年来，我国无人机产业规模更是呈现爆发式增长，我国无人机产品种类齐全、功能多样，具备了自主研发和设计低、中、高端无人机的能力，基本形成了配套齐全的研发、制造、销售和服务体系，部分技术已达到国际先进水平，成为我国科技和经济发展的新亮点，而且也必将成为我国航空工业发展的重要突破口。

　　虽然我国无人机产业快速崛起，部分技术赶超国际，部分产品出口海外，但我国整体上仍未进入无人机强国之列，在精准化、制空技术、协作协同、微型化、智能化等特征/关键技术方面尚需努力，为了迎接无人机大发展时代，迫切需要及时总结我国无人机领域的研究成果，迫切需要培养无人机研发高端人才。因此，助力我国成为无人机研发、生产和应用强国是"无人机系统特征技术系列"丛书策划的初衷。

　　"无人机系统特征技术系列"丛书的撰写目的是建立我国无人机技术的知识体系，助力无人机领域人才培养，推动无人机产业发展；丛书定位为科学研究和工程技术参考，不纳入科普和教材；丛书内容聚焦在表征无人机系统特征的、重要的、密切的相关技术;丛书覆盖无人机系统特征技术的基础研究、应用基础研究、应用研究、工程实现。丛书注重创新性、先进性、实用性、系统性、技术前瞻性;丛书突出智能化、信息化、体系化。

无人机系统特征技术的内涵如下:明显区别于有人机,体现出无人机高能化、智能化、体系化的特征技术;无人机特有的人机关系、机械特性、试飞验证等特征技术;既包括现有的特征技术的总结,也包括未来特征技术的演绎;包括与有人机比较的,无人机与有人机的共性、差异和拓宽的特征技术。

本丛书邀请中国工程院院士、舰载机歼-15型号总设计师孙聪担任总主编,由国内无人机学界和工业界的顶级专家担任编委及作者,既包括国家无人机重大型号的总设计师,如翼龙无人机总设计师李屹东、云影无人机总设计师何敏、反辐射无人机总设计师祝小平、中国飞行试验研究院无人机试飞总师赵永杰等,也包括高校从事无人机基础研究的资深专家,如飞行器控制一体化技术国防科技重点实验室名誉主任陈宗基、北京航空航天大学无人系统研究院院长王英勋、清华大学控制理论与技术研究所所长钟宜生、国防科技大学智能科学学院院长沈林成、西北工业大学自动化学院院长潘泉等。

本丛书的出版有以下几点意义:一是紧紧围绕具有我国自主研发特色的无人机成果展开,积极为我国无人机产业的发展提供方向性支持和技术性思考;二是整套图书全部采用原创的形式,记录了我国无人机系统特征技术的自主研究取得的丰硕成果,助力我国科研人员和青年学者以国际先进水平为起点,开展我国无人机系统特征技术的自主研究、开发和原始创新;三是汇集了有价值的研究资源,将从事无人机研发的技术专家、教授、学者等广博的学识见解和丰富的实践经验以及科研成果进一步理论化、科学化,形成具有我国特色的无人机系统理论与实践相结合的知识体系,有利于高层次无人机科技人才的培养,提升我国无人机研制能力;四是部分图书已经确定将版权输出至爱思唯尔、施普林格等国外知名出版集团,这将大大提高我国在无人机研发领域的国际话语权。

上海交通大学出版社以其成熟的学术出版保障制度和同行评审制度,调动了丛书编委会和丛书作者的积极性和创作热情,本系列丛书先后组织召开了4轮同行评议,针对丛书顶层设计、图书框架搭建以及内容撰写进行了广泛而充分的讨论,以保证丛书的品质。在大家的不懈努力下,本丛书终于完整地呈现在读者的面前。

　　我们衷心感谢参与本丛书编撰工作的所有编著者，以及所有直接或间接参与本丛书审校工作的专家、学者的辛勤工作。

　　真切地希望这套书的出版能促进无人机自主控制技术、自主导航技术、协同交互技术、管控技术、试验技术和应用技术的创新，积极促进无人机领域产学研用结合，加快无人机领域内法规和标准制定，切实解决目前无人机产业发展迫切需要解决的问题，真正助力我国无人机领域人才培养，推动我国无人机产业发展！

无人机系统特征技术系列编委会
2020 年 3 月

作 者 简 介

卢艺，男，现为上海交通大学电子信息与电气工程学院助理研究员，中国系统工程学会会员，北京航空航天大学—美国普渡大学联合培养博士生，2008年及2015年分别获得北京航空航天大学工学学士、博士学位，2012—2013年受国家留学基金委资助于美国普渡大学航空宇航学院 Value through Reliability，Safety，and Sustainability Lab(VRSS)实验室开展访问学者合作研究，得到国际系统安全性领域著名学者 Nancy G Leveson、Karen B Marais 的学术指导，2015—2017年于中国商飞公司上海飞机设计研究院博士后工作站研究。本人多年以来主要从事复杂系统安全性/系统工程理论、高风险组织行为建模、人机系统可靠性、适航符合性证据体系研究，应用对象包含军民机、航天器、电网、核电及水利系统等，是国内较早在航空器系统安全性领域引入 STAMP/STPA 理论及系统动力学(System Dynamics)方法的研究者，主持国家自然基金青年基金、中央军委装备部预研项目、国家博士后基金等多项，参与多项国家重大专项及型号预研工作；论文成果被以国际系统安全性领域1区期刊 Safety Science 等为代表的高水平 SCI、EI 刊物收录10余篇，现任多个 SCI/EI 期刊的审稿人及国家自然基金项目通信评议专家。

张泽京，男，中国航空综合技术研究所适航工程师，于2014年、2017年分别获得北京航空航天大学工学学士、硕士学位。目前从事无人机系统适航性和安全性相关研究工作，参与并完成了民用无人机适航性、安全性标准等多项工信部、民航局课题研究，发表多篇该领域研究的 SCI/EI 论文，参与了国内多个无人机型号的适航和标准化工作。

张曙光，女，1995年博士毕业于西北工业大学，北京航空航天大学飞行器适航工程系教授、博士生导师。曾任北京航空航天大学飞行力学系主任、交通学院副院长,北航航空器适航技术专业建立责任教授,德国慕尼黑工业大学 August-Wilhelm Scheer 客座教授。中国航空学会飞行力学专业委员会委员、《飞行力学》杂志编委。主要研究新布局飞行器动力学、控制与安全性,近来重点研究无人飞行器、垂直起降飞行器控制技术和系统安全性。发表文章 130 余篇,出版书籍 3 本、译著 1 本,获得国防科技进步、军队科技进步和教育部科技进步等奖项 10 项。开发的软件和控制方法等研究成果已为国内军、民机多个型号应用。

前　　言

　　目前,国内外的大型无人机系统(如依照美国国防部定义,Ⅳ类无人机在599 kg以上)已经在军事领域得到了广泛应用,并有大量的衍生型号开始投入民用领域。相对于中小型的消费级无人机,上述类型的无人机系统事故造成的损失大、冲击能量强,其安全性问题日益突出,得到国内外适航当局、工业界和公众的广泛关注。究其原因,无人机系统较低的系统采购成本和较高的系统集成度导致其技术系统可靠性水平显著低于有人机;其固有的"人机分离"所产生的飞行员视野局限、空间运动感知不足导致了大量人为因素事故,这一比例相对于有人机高了50%以上;在高效费比思维驱动下,无人机系统任务强度高且时间长,维护投入显著低于有人机,维护人为因素事故也已成为无人机系统的主要事故致因。

　　相关统计表明,目前世界范围内大型军用无人机灾难性事故率的平均水平相对于类似量级的有人军用飞机高约1个数量级,为10^{-4}次/飞行小时,由于数据来源的限制和民用无人机中小型消费级无人机的大量存在,其安全性水平更不乐观。目前较为全面的公开数据来自无人机系统应用的先驱美国空军,如2004—2006年美国空军所有型号军用航空器的A类事故率(造成100万美元损失或人员伤亡的灾难性事故)中20%归咎于MQ‐1"捕食者"无人机系统,共有21起,其中17架无人机完全损毁;再如在2013年,该系统所贡献的A类事故率比例占57%,共有7架损毁,呈现了持续增长的趋势。该机型系统在过去20年间的安全性演化过程,为目前在研、在运行的大型无人机系统提供了可资借鉴的经验。

　　然而由于无人机相对于有人机具有采购/运行/维护成本低的固有优势,其在民用领域的应用前景也日益广阔,尤其是大量开放类的中小型消费级无人机频繁出现在公共区域内,从事娱乐、摄影摄像、物资运输等任务,有的已对公共航空运输和公众安全构成了一定程度的威胁。更为重要的是,事故撞地风险更高的大中型民用无人机系统大多衍生于军用型号或是继承其技术的同量级新型号,它们现有的安全性水平备受关注,并成为未来无人机适航管理工作的核心关注点,对无人机系统安全性工程提出了新的挑战。

自20世纪90年代起,大量的学者、机构开展了有关航空器系统事故风险因素的统计,得到其总体变化趋势:随着运行频率和累积时间的增加,尽管技术系统可靠性设计日趋完善,人为因素和组织因素等非技术系统风险(如故障)诱发的事故比例日益上升。对此,系统安全性学界提出了一系列将上述因素纳入风险分析范畴的理论,并已推广应用于无人机系统。其中最具代表性的是Wiegman和Shappell基于用"事件链模型"描述事故致因的"瑞士奶酪模型(SCM)"提出的预防和控制航空器事故的"人为因素分析和分类系统(HFACS)"方法,在一定程度上获得了航空器事故率降低的收益。然而,上述以概率论为基础的传统风险分析技术难以有效辨识、控制非技术系统故障风险,其实际效用呈逐年递减趋势,该现状表明:以概率论为基础的线性风险分析理论虽在应用之初控制效益明显却存在"事后之明"局限,以技术系统"故障概率"为出发点的分析视野虽实现了向人员、组织的扩展但依然是"自底到顶"式,停留于静态、解耦的风险分析思维,难以分析交互因素的风险机理,例如流程缺陷、行为延迟等;人因和组织层级的风险辨识主次不分、时序不明、忽视耦合关系,尤其是缺乏宏观评估预防措施中长期收益的能力,导致系统安全性措施停留于局部。

要从根本上提升无人机系统的安全性水平,应考虑非技术系统风险因素间的耦合关系,对涵盖组织、人员和技术系统等多层级间风险关系形成的反馈回路进行建模和分析。无人机系统适航管理的核心是具有更大撞击能量的大中型无人机在更大范围融入公众生活中的安全问题。基于此,本书通过搜集国内外各型典型无人机的安全性历史数据,分析现有国内外无人机适航规章政策和技术标准,立足于国际领先的系统安全性思想,研究能够为制定我国无人机适航规章提供基础支持的安全性理论与实践方法,打通政策、工业方、运行组织在系统性地理解无人机安全和适航上的技术隔阂。本书引入了基于系统理论(system theory)的"安全性动力学(safety dynamics)"的全新视野来考量无人机的运行风险,并复现了公开数据最为全面的美国空军 MQ-1"捕食者"无人机系统机队的安全性演变过程作为应用案例。本书在以下两个方面有所创新:

(1) 本书引入了系统动力学建模及仿真方法分析构成无人机系统安全性的动态反馈过程,该方法考虑了组织、人员及技术系统的多层级因素,该模型是首个得到真实无人机运行数据验证的系统动力学模型。该方法能帮助无人机系统"研制—维护—运行"单位在应用传统的基于"事件链"模型的技术、人为因素风险分析方法的同时,扩展其系统性的安全性视野,尤其是建立基于层级反馈的无人机事故分析(FPUAA)方法,来替代传统的"事件链"模型,在风险因素层级区分度、事故调查数据利用率上具有显著提升,并能辨识出被事故调查所忽略的风险因素,能对各类型无人机系统事故调查提供顶层指导。

(2) 提出了"通用无人机系统安全性动力学(GUSDM)"概念模型建模方法,以无人机系统运行过程为主线,解释了组织、人员及技术系统层级间风险因素所构成的动态反馈过程对无人机事故率的影响机理;该模型突破了传统"事故链"方法在分析人因、组织因素上存在的局限,扩大了系统安全性相关风险因素分析的范围,使其不仅包括了技术系统故障还能涵盖人员任务经验、任务出勤率差距等人员和组织层级的风险因素,上述机理分析为制定我国无人机适航规章时充分考虑大型无人机型号研制中从试验到服役运行可能经历的成熟过程、适应我国国情、突出重点提供了原理性指导。

此外,本书基于当前国内外对无人机系统适航管理的思路和要求,专辟篇幅对面向中等风险的无人机系统的运行风险评估方法和面向各类型无人机系统的适航要求开展了研究,为面向我国无人机系统适航管理和适航要求的制定工作提出建议。

本书是作者团队多年来在复杂系统安全性及无人机适航领域研究的成果综合,但由于无人机系统安全性涉及的因素分布很广、无人机型号多样,本书尝试提出的无人机系统安全性动力学模型只是该方法应用于大型无人机系统的一个开端,还需结合各类型无人机的型号特征、运行环境进行拓展。本书的研究成果可以为我国从事无人机系统研制、维护及运行的组织和单位预估其管理和技术决策可能带来的安全性影响提供理论指导和决策建议,为未来我国适航当局制定无人机系统相关的适航规章框架和标准提供参考。本书的第1、第2章由卢艺和张泽京撰写;第3至第5章主要由卢艺撰写;第6章主要由张泽京撰写,张曙光负责了本书研究思路梳理及部分章节的修改工作;另外,张玄、李雪晴、唐鹏等参加了资料收集工作。

本书的出版了得到了国家自然科学基金青年基金项目(No. 61803263)、上海交通大学"新进青年教师启动计划(SFYR)"和中央军委装备部装备预研基金项目的资助。在本书编写过程中,笔者与相关科研院所的技术人员进行了讨论并听取了他们的建议,他们来自中国民用航空上海航空器适航审定中心、中国航空综合技术研究所、中国民用航空发动机适航审定中心等单位,并特别得到了中国商飞公司上海飞机设计研究院郝莲研究员、上海大学钱颖教授、上海交通大学傅山教授等专家的指导,在此一并表示衷心感谢。

由于时间仓促及水平有限,书中不当之处,敬请读者批评指正。

作者

目　录

1 无人机系统安全性问题及适航管理现状

根据欧洲航空安全局（EASA）和北约（NATO）的定义，无人机系统（unmanned aerial system，UAS）包括无人机、控制站、数据链路、发射和回收等操作所需的系统[1-2]。目前，无人机在军事领域内的应用已经极其广泛，而且呈逐年增长的趋势，例如，美军的无人机研制费用从 20 世纪 90 年代的 30 亿美元增长到 2004—2009 年的 120 亿美元[3-4]，此后一直呈逐年增长的趋势。由于无人机相对于有人机具有采购/运行/维护成本低的固有优势，无人机系统在民用领域的发展也日益蓬勃，尤其是大量的开放类的中小型消费级无人机得到了广泛应用，从事娱乐、摄影摄像、物资运输等任务。

1.1 国内外无人机系统及型号特征概述

无人机系统具有型谱广泛、运行范围广的特点，区别体现在尺寸、重量、飞行特性等诸多方面，这也从客观上导致不同类型的无人机系统在安全水平和风险因素上存在差异，明确无人机型号在尺寸、性能、任务等方面的差异，是将无人机系统进行分级分类适航管理的基础工作。借鉴载人航空器的适航规章发展历史，对无人机系统提出安全性目标要求，应当参考现有无人机系统的技术条件下的实际运行安全性水平，因此对目前无人机系统的事故数据进行的统计分析将为无人机系统适航工作提供现实意义的参考。

从总体上看，目前典型的无人机系统型号仍以军用无人机为主，已经成为现代局部战争和军事行动中不可或缺的组成部分，将不可避免地改变军事斗争方式以及军事行动样式；此外在民用中，包括商用、科学研究以及军民两用的无人机将得到更大的发展空间，尤以其价格越发低廉、操纵日趋简单的特点使其在日常消费用途上不断扩展。2000 年，全球无人机市场价值达到 10 亿欧元，截至 2004 年，世界上超过 30 个国家发展或制造超过 250 种无人机，性能区别涵盖飞行速度、飞行高度、任务时间、载重能力等[5]方面。EVTank 研究机构发布的《2015 年度民用无人机市场研究报告》显示，全球无人机在 2014 年完成了约 39 万架的销量，其中军用无人机占 4%，民用无人机占 96%。在民用无人机中，专业级销量约为 12.6 万架，消费娱乐级销量约为 25.5 万架。根据消费娱乐级、专业级以及军用无人机执行民用任务等民用目的，形成了从质量轻、速度慢、飞行高度低的微小型无人机到质量大、速度快的将与有人驾驶飞机共享空域的大型高空无人机系统的庞大型号范围。

基于应用用途的无人机系统型号分类统计结果如表 1.1 和图 1.1 所示，数据来源于文献[6]。可以看出，2007—2016 年的 10 年间，民用无人机系统发展迅速，在型号数量上逐年递增；随着军民两用的融合用途无人机型号数量的逐年递增，民用无人机系统的型号数量已经与军用无人机系统非常接近，反映了无人机系统的民用化趋势以及未来军民融合的无人机型号发展方向。

表 1.1　按照应用用途分类的无人机型号分类统计表(2007—2016 年)

年　份	2007	2008	2009	2010	2011	2012	2013	2014	2015	2016
民用/商用	61	115	150	171	175	217	247	315	408	561
军用	491	578	683	631	674	548	564	609	600	644
军民两用	117	242	260	283	318	353	392	447	502	559
科研用途	46	54	66	66	69	73	78	78	82	82
新技术	269	293	329	301	310	187	172	162	140	161

此外，除了无人机系统在应用用途的发展外，以无人机尺寸、重量、航程/航时、飞行高度等参数代表的技术发展同样值得关注。对此，国际无人机系统协会(UVSI)提出了一种综合分类方法，并按此分类方法对全球无人机系统进行了统计，该分类方法和对应的统计结果如图 1.2 和表 1.2 所示[6]。

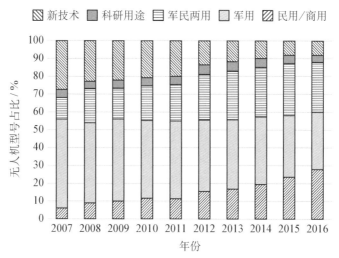

图 1.1　按照基础用途分类的无人机型号统计结果(2007—2016 年)

表 1.2　国际无人机系统协会综合分类法

缩　　写	类　　型	质量/kg	航程/km	飞行高度/m	航时/h
Nano	微小型	<1	<1	100	<1
Micro	微型	<5	<10	250	1
Mini	小型	<30	<10	150~300	<2
CR	近程	25~150	10~30	3 000	2~4
SR	短程	50~250	30~70	3 000	3~6
MR	中程	150~500	70~200	5 000	6~10
MRE	MR 续航	500~1 500	>500	8 000	10~18
LADP	低空纵深突防	250~2 500	>250	50~9 000	0.5~1
LALE	低空长航时	15~25	>500	3 000	>24
MALE	中空长航时	1 000~1 500	>500	5/8 000	24~48
HALE	高空长航时	2 500~5 000	>2 000	20 000	24~48
UCAV	无人战斗机	10 000	约 1 500	10 000	待定
Strato	同温层	>2 500	>2 000	>20 000	待定
EXO	同温层外	待定	待定	>30 500	待定

1.Nano 2.Micro 3.Mini 4.CR 5.SR 6.MR 7.MRE 8.LADP 9.LALE
10.MALE   11.HALE   12.UCAV   13.Strato   14.EXO   15.其他

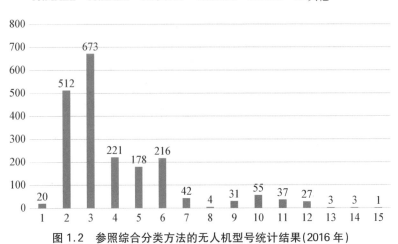

图1.2   参照综合分类方法的无人机型号统计结果(2016年)

由此可见,无人机型号主要集中在 Micro,Mini,CR,SR,MR 这几个类别中,对比具体的类别特征,主要集中在最大起飞重量 1 250 kg、航程 200 km、飞行高度 5 000 m 之内的范围。进一步对无人机系统特征参数进行研究,对目前世界各国在役或已经批产的无人机系统进行统计,主要关注最大起飞重量(MTOW)和最大平飞速度两个重要参数,以综合反映目前世界在役无人机系统的大小、动能分布;图 1.3 显示了 205 种不同型号的无人机系统统计结果。另外,在现役无人机系统的基础上,针对目前尚处于概念验证和开发阶段的 331 种型号进行了同样的统计,统计结果如图 1.4 所示[6-7]。

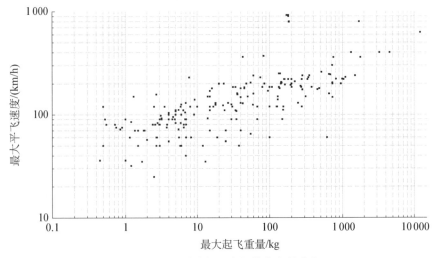

图1.3   205 种在役无人机基本参数分布

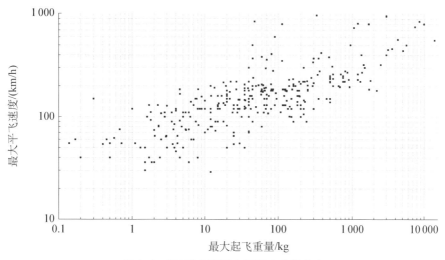

图 1.4　331 种在研无人机基本参数分布

结合各国分类方法中的代表性节点,对统计的无人机型号进行 MTOW 的划分,结果如图 1.5 所示。可以看出在役型号中,微小型消费级无人机占比在整体上较高,说明了早期无人机偏重往重量轻结构简单的方向发展。结合在研型号进行对比,可以看出无人机型号向更广泛的方向发展,中型、大型无人机系统将得到更多发展;随着型号种类和数量的增多,无人机系统运行可能造成的风险将受到更广泛的关注,这也反映了对无人机系统进行适航管理的迫切需求。

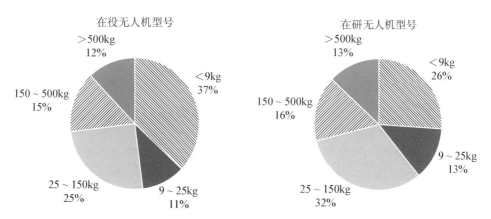

图 1.5　统计的无人机型号(在役、在研)按 MTOW 划分的比例分布(截至 2016 年)

进一步考查其中包括民/商用途、科学研究和多用途的民用无人机系统,按照综合分类方法进行统计,可以看出以 Micro 和 Mini 为代表的 MTOW 小于

30 kg、飞行高度低于 250 m 的轻小型消费级无人机系统在民用无人机型号中占比约 60%，这体现了轻小型消费级无人机在民用用途中占有更重要的角色，在民用无人机系统适航管理框架中，这一类别的无人机值得重点关注，其分布情况如表 1.3 所示。应针对上述类型特征对管理方式进行针对性选择，其中，对于撞击能量更大的大型无人机尤其要求应有对应的适航要求管控其安全性水平。

表 1.3　民用无人机系统型号分布情况

类别	Nano	Micro	Mini	CR	SR	MR	LALE	HALE
数量	5	61	172	52	40	48	3	10
占比/%	1.28	15.60	43.99	13.30	10.23	12.27	0.77	2.56

民用无人机系统的具体用途，涵盖行政、消防、农林、能源、地理观测和商业广播等领域。其中，微小型消费级的旋翼无人机因重量小，操作简便的特性广泛用于娱乐、航拍等民用领域。例如，我国深圳大疆创新研制的旋翼无人机系列，占据了国际小型消费级无人机市场 70% 以上的份额。以目前常见的 Phantom 3 Standard 型号为例，其重量为 1 216 g（含电池和桨），最大平飞速度为 16 m/s（姿态模式），最大上升速度 5 m/s，单次飞行最大时间约 25 min，带相机可进行娱乐级航拍任务。

我国的民用无人机在农林植保、电力巡线和航空测绘等领域的运用已经日趋成熟。例如，2011 年，安华农业保险公司首批 3 架 AH - 3N 型农业勘察无人机获得中国民航局颁布的"特许飞行证"，成为民航局适航审定司第一次按照《关于民用无人机管理有关问题的暂行规定》组织审查、为民用无人机颁证的范例。广州极飞科技推广的 P20 V2 植保无人机系统，MTOW 为 20 kg；2015 年，约有 100 套无人机系统投入到农业植保作业中，完成了 56 万亩次的喷洒任务。安阳全丰植保有限公司 2012 年起推出的多款植保无人机，从 MTOW 为 10 kg 的多旋翼植保机到 MTOW 可达 120 kg 量级的无人直升机，每分钟防治面积可达 3~5 亩（1 亩＝667 平方米），单次作业面积可达 70 亩。在航空测绘领域，由中科院遥感应用研究所全资成立的国遥万维公司自 2008 年至今借助其采用固定翼布局的"快眼（quickeye）"无人机测量系统，先后承担了国家各部委、省市项目总面积超过 1×10^5 km^2 的测绘任务。

无人机系统也成为高校和研究所进行科研和试验活动的重要工具。以本书作者所在课题组在研和使用的无人机系统为例，其包含固定翼和多旋翼布局，可实现手动或自主飞行。自 2007 年至今开展了多个型号的翼身融合体（Blended-wing-body，BWB)飞机布局缩比无人验证机的研制和试飞工作,截至 2018 年累计共有 7 个型号的 BWB 缩比无人验证机,主要承担 BWB 布局低速气动、飞行动力学特性探索,起降沉降特征辨识,系统安全性控制与验证等研究和演示验证活动,型号涵盖了 2～20 kg 的 MTOW 量级,最大巡航速度在 150 km/h 以内,具有典型的小型消费级无人机的特征。

　　作为重要的民用无人机系统的衍生基础,能适应任务的大型军用无人机广泛地应用于森林防火、自然灾害预测、资源气候观测等民用领域,并衍生了相应的型号,如 MQ‐1/MQ‐9"捕食者"系列借助其长航时和大任务载荷的特征,在美国已衍生了其民用家族,执行如海岸警卫、资源勘查等任务。尤其是作为大型无人机的代表,RQ‐4"全球鹰"无人机系统已经获得 FAA 民用试验类无人机适航证,并参与了多次灾害救援工作。如 2010 年在海地地震中,美国派出该无人机系统通过提供空中图像协助海地救援任务,搜集的图像用于确定区域灾害程度,指导海地救灾物资的空中运输;在 2011 年日本地震中,一架"全球鹰"无人机从关岛出发飞往当地,以搜集日本核电站的高清图像,并搜集航空数据以协助救援工作。总体而言,无人机系统在民用领域的应用涵盖娱乐航拍、科研实验、航空测绘、农林植保、边境巡逻、抗震救灾等多种用途,覆盖了 MTOW 从数公斤到一千公斤以上的庞大范围和差异。基于上述无人机型号以其 MTOW 为衡量标准的无人机系统型谱如图 1.6 所示。

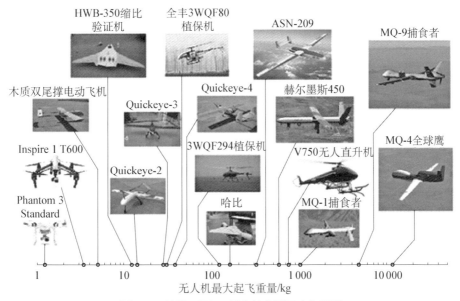

图 1.6　按照 MTOW 划分的典型无人机型谱

通过统计分析与企业调研可以得出,以多旋翼为主的娱乐级无人机系统最大起飞重量一般在 10 kg 以下,飞行速度相对较低,但同时由于该类无人机技术门槛较低,制造商设计制造能力参差不齐,呈现的系统可靠性较低。用于农业植保、航空测绘、电力巡线等用途的民用无人机的最大起飞重量主要集中在 10~100 kg 量级的范围,这一系列无人机的运行将极大地影响公众生活与安全,将是对无人机系统进行适航管理的主体对象。最大起飞重量在 100 kg 以上的无人机主要是转为民用用途的军用无人机,尤其是其中的大型类无人机系统(500 kg 以上)将更多地与载人航空器共享空域,有可能造成空中相撞的潜在风险,其失控后的能量冲击也会对人口密度较高地区的财产设施和公众生命安全构成严重威胁,这对作为典型复杂系统特征的上述大型无人机的系统安全性提出了挑战。对于目前民用无人机而言,由于其类型分布广、人员培训的不规范性强、运行环境的不可控因素多、缺乏系统安全性评估和监控手段,其安全性问题已经日益凸显出来。

作为世界上无人机两大使用国,以色列的军用无人机在 2001 年总累积达到 10 万飞行小时[4],而美国军用无人机(以空军为主)在 2002 年总累积即已经达到 10 万飞行小时,伴随着美军大量局部战争的开展和民用无人机的广泛使用,这一使用水平在此后一直处于递增趋势。例如美国空军的 MQ‐1"捕食者"无人机系统机队的当年任务飞行总时间在 2008 年就已经达到了 10 万飞行小时,并保持至今。10 万飞行小时这一时间指标是无人机系统用以表征灾难性事故率严重程度的基础时间尺度,表明未来世界范围内相关组织在确立无人机系统适航规章及相关技术标准过程中所需的衡量无人机系统安全性水平的数据量级已经达到。围绕大型军用无人机以及其衍生的民用型号,形成了目前国内外系统安全性、航空器适航管理领域的核心关注对象和未来相关领域行政、技术工作的重点,这也是本书"面向适航的无人机系统安全性动力学"要应对的核心问题。

1.2 复杂系统安全性理论及应用

1.2.1 系统安全性相关概念

安全性(safety)是指系统或产品不发生事故的能力。随着工业技术复杂度的不断提高与资金投入的不断增加,设备研制和使用过程中的风险也逐年增加,例如美国哥伦比亚号航天飞机失事等案例,造成了巨大的社会影响,得到了广泛的舆论关注,这逐渐引起了世界各国政府及工业界对于现代技术发展中产品系统附属安全性问题的高度重视。

随着技术的进步和对无人机功能、性能要求的提高,现代无人机系统在获得新功能的同时也付出了系统的结构复杂度的代价(数据链路、飞行控制系统和管理、地形回避等)。具有高度综合特性的机载电子系统的这一基本特点变得越来越突出。根据美国汽车工程师协会(Society of Automotive Engineers,SAE)的定义,复杂系统是具有高系统组件集成度的系统,其执行某一功能(上到飞机级,下到系统级)是由多个要素(子系统或组件)联合执行的[8]。由此可见,无人机系统具备现代复杂系统的突出特征。

同时 SAE 还提出,由于复杂系统内部结构和逻辑关系复杂,其内在逻辑很难被领会,以往适用于简单系统的测试、试验方法不能涵盖所有的要考虑的问题,复杂性是系统或其组件的运行难以被直接理解的一种表现,体现在组件间存在多重关系。传统上,故障分析及对设计的确认和验证过程都是用昂贵的系统及其部件的试验、直接检查及能够正确反映系统工作特征的其他直接验证方法完成的。目前这些"直接技术"仍然适用于执行功能数量有限且与飞机其他系统并非高度综合的简单系统。

无人机系统"研制—维护—运行"的全过程始终处在相应的"社会—技术系统"运行背景条件下,涉及大量的组织、人员因素,彼此关系复杂,还存在决策/执行的延迟;这些因素中有的能够定量描述,也存在偏定性的部分,且都会形成对飞机运行安全性的直接/间接影响,应采用什么样的系统安全性视野和具体方法是无人机系统安全性要解决的首要问题。基于此,本书引入了系统安全(system safety)概念和相关视野对无人机系统安全性进行研究。系统安全是 1960 年起产生的面向安全性的新方法,通过改变传统系统研制时的"试错法",即通过试验修改再试验的循环提高系统的安全性水平的套路,通过对系统生命周期内的危险进行识别、分析和控制,提出了应在系统设计之初就考虑的安全性需求。对于一个无人机系统而言,其开发、试验、生产、使用以及退役处理的整个全寿命周期中都存在导致事故的潜在危险,需要从研制到生产的纵向上考虑安全性问题;复杂系统是由多个分系统乃至不同的操作人员构成的整体,各分系统及相关专业存在各自的特点和安全性问题,彼此相互作用后会产生影响整体安全性的必然结果,这需要从横向上来研究安全性问题。

按照现行标准的考虑,安全性这一属性面向的对象是某一产品或某一过程,本书参照国际标准组织(ISO)以及国际电工技术委员会(IEC)在 1999 年发布的安全性指南中安全性及相关概念归纳出以下定义[9],如表 1.4 所示。值得注意的是,不存在绝对意义的安全性,因为无论采用什么措施用以减小风险(包括固有安全性设计、保护设施、个人防护装备、使用及安装信息、培训等手段),残余风险依然会存在,即一产品、过程只能是相对安全的。在这些概念中,风险和危险之间的区别是:风险是由损失的可能性和严酷程度来定义的,用以描述整个系统的安全水平,强调事故的潜在性和可能性,是可评估的;危险,更具体更现实,一般直接对应于失效和事故。危险是由系统及其组件的不希望"特性"导致的,这些特性相关的定义主要有以下3种:

(1) 失效(failure)。

a) 产品丧失完成规定功能能力的事件(GJB‐3385—98)。

b) 产品或产品部件不或不能完成预先规定功能的事件或不能工作的状态(MIL‐STD‐721C—81)。

(2) 故障(fault)。

a) 产品更不能执行规定功能的状态,故障通常是产品本身失效后的状态,也可能在失效前就存在(GB/T‐3187—94)。

b) 会引起功能单元降低或丧失完成规定功能能力的一种非正常状态(ISO/IEC DIS2392‐14‐96)。

(3) 差错(error),在SAE ARP‐4754中将差错定义为两类:

a) 在运行或维修系统中由于人员不正确的行为或决策产生的事件。

b) 在要求、设计或设计实施中的差错。

表1.4　系统安全性相关术语解释

术　语	英　文	解　释
安全性	safety	远离不可接受的风险
危害	harm	直接、间接对人的健康造成物理性伤害或对财产、环境构成破坏
危险	hazard	"危害"的潜在源
风险	risk	发生"危害"的可能性与该危害的严酷度的组合
事故征候	incident	有可能带来"危害"的事件,取决于系统的防御屏障是否失效
事故	accident	导致了不可接受的"危害"后果的"事件"

1.2.2　基于"事件链"的事故模型及应用

在安全性事故的研究中,解释事故发生的机制需要采用"事故模型"进行描述。事故模型建立了用以预防事故和评估风险的工程技术基础,用以解释驱动事故过程导致不可接受损失的机制。模型的效力和特征极大地影响着辨识和控制危险及预防事故的能力。

基于工业安全诞生的传统的事故模型都将事故看作链式事件序列,并通过打破事件链来防止事故发生。早在 1935 年,美国学者 Heinirich 提出了以"多米诺骨牌"模型解释工业事故[10]的概念,虽然此概念对减少单故障型事故具有重要意义,但多重故障型事故的影响却逐渐彰显,因此"故障安全"概念取而代之。人们发现硬件故障率普遍高于预期,且对潜在故障及潜在故障组合进行定性分析和定量计算的难度很大。于是以故障树(fault tree analysis,FTA)为代表的传统安全性分析方法随之产生[11]。在该事故模型下,主要产生了两类分析方法。

1) 定性因素统计分析方法

20 世纪 70 年代末连续发生了几起非技术性失效导致的严重事故,如 1977 年特内里费空难中两架波音 B747 飞机在跑道上高速相撞,1978 年联航 173 号班机由于燃油耗尽而在机场附近坠毁,以及 1979 年美国宾州三里岛核事故。调查发现这些事故的直接原因涉及工作人员的认知判断、沟通交流及培训学习等方面。针对人为因素,20 世纪 80 年代左右兴起了诸多成功的安全性分析方法,包括 NASA 及 FAA 基于 Reason 的"瑞士奶酪模型(Swiss cheese model)"方法[12-13]建立的"人为因素分析和分类系统(human factors analysis and classification system,HFACS)"[14],以及针对民用航空飞行员及乘员的团队合作、沟通方式等进行安全性训练的理论及方法"机组资源管理(human resource management)"[15]。

2) 定量概率计算分析方法

故障树、故障模式及影响分析(failure mode and effects analysis,FMEA)、初步风险分析(preliminary risk analysis,PRA)等方法都建立在以"事件链"为基础的事故模型概念上,其通过对瀑布式的因素分析树中各个环节之间的"与、或门"关系定义,给各个环节设定基于历史数据的故障发生概率[11]。FTA 是一种自上而下的演绎式的图形工具,可以有效分析事故原因、处理故障组合和计算发生概率。1961 年美国贝尔实验室在民兵导弹的发射控制系统可靠性研究中首次应用 FTA 并获得成功。应用 FTA 理念的第一代商用喷气式飞机(如

B707、Comet4 和 DC‑8 等)的事故率显著降低。

在航空器技术领域采用这类方法且获得显著成果及已被航空器适航审定机构所接受的方法是 SAE 提出的面向民用航空器系统安全性适航审定的指导文件 SAE ARP 4754/4761。该配套文档结合对系统开发过程起支持作用的安全性评估过程,具有高度集成特征的飞机系统的开发流程,明确了设计的关键点[8,16]。它既指导了业界如何在系统开发时考虑安全性设计因素以确保规章符合性,也指导了局方应如何审定。其提供的方法性基础还是功能危险分析(function hazard analysis,FHA)、FTA 及 FMEA 分析等技术。这些措施及需求所针对的仅是系统研制过程中的工程问题,这只是航空器系统安全性贡献因素的一个部分。目前最新的 SAE ARP 4754A 中已经尝试将航空器的运行与维护过程纳入系统安全性的框架之内。

上述方法的分析核心是通过系统组件的失效概率的计算评估整体系统的故障概率能否满足顶层的安全性需求,而获得准确而全面的基础数据是决定方法有效性的关键。数据的来源是基于可单独测试的物理系统元器件在指定条件下执行指定功能的失效概率,即可靠性,这意味着采用"事件链"模型所试图达到的安全性目标其实都是在追求可靠性水平的提升,其安全性视野是存在顶层缺陷的。然而更为不利的是,当技术系统研制组织和人员面临新功能需求、新系统架构时缺乏基础数据的支持且有不能有效处理非失效风险(如有软件、人的参与的系统功能紊乱)的困难。上述研究现状对传统"事件链"模型提出了挑战。面对这一情况,随着应用经验的提升,研究者已尝试了一些改进途径。

例如,Williams 用基于数据统计的方法提出了人员行为形成因素的概念,建立了"人为错误评估与降低技术(human error analysis and reducing technology,HEART)",通过类似于物理系统故障场景的形式,将人的失误概率用"权重"的形式在基础场景上进行叠加[17]。然而该方法仍是建立在链式失效概念上的,试图表面上将人为因素纳入风险分析的框架中,但是其对于人员行为的数学建模过程假设过多。

Murata 等采用 Petri 网[18]以及 Harel 等采用"状态表(statecharts)"[19]将非失效类技术系统风险事件纳入基于"事件链"概念的分析框架内,增强了传统可靠性分析方法中处理离散并行事件的能力。

巩磊等在 Svedung 的研究基础上进一步提出了采用图形化分类形式(graphic-taxonomi-associative)用于事故建模和事故预防措施的分析方法,结合 HFACS 模型中关于人为因素建模的分类,采用事故树(AcciTree)扩展了对于非失效类事故因素的辨识[20]。

虽然基于"事件链"的事故模型及风险分析方法对非技术系统事故因素的描述存在缺陷,但是由于在技术系统领域内的分析结果产出是以概率的数学形式表达的,在工程分析与评估上的可操作性强,这是目前无人机系统实际工程中普遍采用的方法。

1.2.3 基于"系统理论"的事故模型及应用

现代复杂航空器研制、运营的经验表明,航空器事故是"控制问题",航空产品安全性属性需要通过对研制过程中上至组织、人员层级,下至技术系统层级开展系统性的"安全性控制"方可达到。目前国内外对系统安全性分析与保证技术的关注点为以下三大类:

(1)技术物理系统故障及功能紊乱,源自设计缺陷或维护不足的硬件失效以及软件设计错误。

(2)人的错误,源自粗心,缺乏经验,不正确的态度等。

(3)不健康的组织文化,高外部压力下的组织安全性意识不足,对以往经验的盲目依赖与记忆遗失,组织管理中的职能分配不当。

1986年,美国"挑战者"号航天飞机在升空后爆炸,7名宇航员全部丧生;2003年,"哥伦比亚"号航天飞机再入大气层时发生灾难性事故,机上所有宇航员遇难。在这两起灾难的事故调查中,现代系统安全性学者逐渐认识到,仅关注以概率分析为主导的技术系统可靠性是不能有效避免复杂技术系统事故的,一个安全的技术系统的研制、运行和维护与其组织背景是密不可分的。例如,Veltri开展的安全性功能的组织管理研究认为,现代的组织对于安全性工程的功能不应该限定于控制暴露的危险和对规章条例的符合性保证,还应该在策略上理解组织中的风险、事故的后果以及这些后果对组织效益的影响,这样的长期性目标应该反映在组织的安全性政策中,指导产生相应的安全性策略[21]。Waring开展了有关"安全性管理系统(safety management system,SMS)"的研究,认为组织的安全性策略是"计划的计划(POP)",是全局的框架,主要内容是组织和资源的配置。安全性策略的制订过程如下[22]:

(1)安全性目标具体被翻译成具有系统性结构关系的一系列可辨识的行为。

(2)为这些行为提供充分资源。

(3)保持充分的监视和控制(组织表现的测量标准,需要控制哪些危险和风险,需要在计划中明确)。

在上述面向实际管理工程的视野下,以"寻常事故理论(normal accident model)"[23],"高可靠性组织(high reliability organizations)"[24],"基于系统理论(system theory)的事故模型及危险分析方法(STAMP/STPA)"[25]及"基于弹性工程理论(resilience engineering)的功能共振分析方法(FRAM)"[26]是 20 世纪 80 年代末至目前国外系统安全性领域学者总结经验教训,逐渐形成的 4 种具有代表性的新安全性理论。其中又以 STAMP/STPA 的发展最为迅速,在系统安全性学术界的影响力也逐步增大。

现对该理论的发展过程做一概述:STAMP/STPA 方法的全称为 systems-theoretic accident model and processes(STAMP)/systems-theoretic based process analysis(STPA),其构建的理论基础是"系统理论",该理论来自学者 Weinberg 于 1975 年提出的依据系统复杂性所导致的系统随机行为的概念模型[27],并据此提出了系统性思考(systems thinking)的理念,其将系统的复杂性分为了 3 个大类,其内在联系如图 1.7 所示。

(1) 有序的简单性(organized simplicity)。

(2) 有序的复杂性(organized complexity)。

(3) 无序的复杂性(unorganized complexity)。

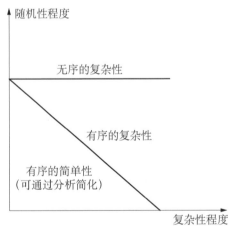

图 1.7　系统理论中对系统复杂性的 3 种分类[27]

"系统理论"中对复杂系统的两大特征描述如下:①浮现与层级(emergence and hierarchy);②通信与控制(communication and control)。其后,学者 Johson 在 20 世纪 80 年代基于"系统理论"首次将系统性思维分析引入系统安全性领域,构建了层级化的安全性保证模型[28]。进而,学者 Rasmussen 在 1997 年进一步从"社会—技术系统"的完整角度构建层级化的安全性分析框架,并依据"系统理论"将"系统安全性"描述为"可组织的复杂性"[29]。2002 年,Svedung 在 Rasmuseen 所提出的层级化框架的基础上进一步提出了基于图形化的事故场景的分析方法,据此对组织中与事故相关因素的因果关系进行分析,探索了上述理论在系统安全领域的应用途径[30]。

在前人积累的基础上,美国麻省理工学院航空宇航系教授 Nancy G. Leveson 于 2004 年发展了基于层级化结构分析事故的概念,提出了 STAMP 事故模型[31]。建立在 STAMP 思想下的"安全工程"不仅仅是预防组件失效事件,而是一持续的作用于约束的控制任务,用以限制系统行为以应对安全变更和适应性。STAMP 包含三大基本组件,即约束、层级化控制结构和过程模型。STAMP 模型的核心不是"事件",而是"约束"。约束所作用的行为不仅是受直接管理干涉控制的,还会受政策、流程、价值观及其他组织文化的间接影响。所有的行为应理解为是受社会和组织背景的影响和控制的。STAMP 有两条相互联系的基本层级化控制路径:即"系统研制"和"系统运行"。STAMP 对社会—技术系统的建模思路是将组织进行层级化,在各级别间的接口上通过运行控制过程控制下一层级。基于 STAMP 模型,导致系统事故的过程应理解为系统开发和运行控制回路中的组件缺陷。基于对这些缺陷的分类,有助于辨识事故中存在的因素及因素之间的相互关系从而进行事故分析和事故预防活动。

此后,Leveson 于 2012 年发展出了相应的危险分析工具 STPA 方法用以支持 STAMP 模型从事故分析到"安全性导向设计"[32]。该方法的重要优势在于其可用于驱动早期的设计决策,并与系统决策的过程相并行,确保设计决策与设计的改进。在 STPA 中,系统被看作是相互作用的控制回路的集合。通过为系统辨识危险并将其传递到顶层系统安全性约束中,形成一个评估过程。此后,定义基本的安全性控制结构,通过框图的形式表述系统组件、控制与反馈的路径,依据安全性控制结构对各个控制行为的潜在危险性进行评估,改进系统的安全性约束。

据荣灏统计,STAMP/STPA 方法提出后,得到了大量研究者的关注,在现代系统安全性分析方法中,该方法的使用频率最高[33]。例如 2010 年,Ishimatsu 应用 STAMP/STPA 方法对航天器的安全性需求进行了辨识,并和传统的 FTA 方法的辨识结果进行了对比,其研究提出,除了组件失效以外的风险因素,例如过程模型不一致、"指令延迟"和"反馈延迟"以及"控制行为确认"等,在 FTA 中都不能得到完整的辨识[34]。Feming 于 2013 年应用 STAMP/STPA 开展了民用航空下一代空中交通管理系统概念设计阶段的安全性需求辨识,并与 NASA 所提出的 DO‐312 文档进行了需求对比,对后者提出了完善措施[35]。

近年来,STAMP/STPA 方法在国内相关领域也得到了广泛应用,本书仅举数例。2010 年,欧阳敏等在国内率先基于 STAMP 模型对中国"胶济铁路火车事故"的相关组织、人员及技术因素的演化过程进行了分析,其中基于安全性约束思想建立的安全性控制结构支持了危险行为及其形成因素的辨识[36]。2015 年,卢艺等应用该方法辨识了翼身融合体布局飞机缩比验证机在"研制—运行—试飞"中的安全性约束,分析了组织和技术层级中可能的安全性缺陷及所导致的潜在危险场景,并对所导出的安全性控制方法的有效性进行了飞行试验验证[37]。2016 年,胡剑波等应用该方法开展综合火/飞/推控制系统复杂任务的安全性建模和分析[38]。2017 年,高远等在特种设备使用的违规行为辨识研究中也应用了上述方法[39]。

1.2.4　基于系统动态行为建模的风险评估模型

在分析了大量的现代复杂系统安全性事故(尤其是航空器事故)后,研究者认为,系统性思想(systems thinking)的"社会—技术"系统(social-technical system)应该成为基本的安全视野:影响系统安全性的因素远不止是技术因素,人为因素尤其是组织因素的作用日趋显著,这些因素与技术因素紧密联系,并形成反馈回路,导致技术系统在运行时偏离初始设计点,且这些因素难以量化,分析时存在更大的主观性,在这种观念下所提出的复杂系统安全性的主要特征如下:

(1) 非线性,由于如延迟环节等的存在,当前状态与初始状态之间的输入输出关系彼此不成比例,难以直观性地通过原因推导出结果。

(2) 轨迹依赖性,系统的行为不仅仅取决于当前输入变量,其很大程度上受行为形成的经历过程的间接影响,例如人员的非安全性行为受其习惯和心态支配,而习惯和心态是事故发生的时刻以前已经形成的,并非在事故发生时才产生。

(3) 行为适应性,系统的状态随着时间的推移的变化是逐步性的,这一变化往往不会立即带来不利的后果,从而使系统处于很高的风险下但并不一定发生事故,例如某一系统的独立改进导致其与其他系统之间逐渐发生不匹配不会立即反映成为功能失效,或人员处于违反安全性条例的工作状态下较长时间,虽然有不利的事故症候存在，但并不意味着立即发生安全事故，这往往会让仅关注显著性结果（即灾难性事故）的组织长期处于盲目自信中，对于事故的发生缺乏提前预知，忽视必要的风险缓解措施。

面对上述特征，系统安全性领域研究者日益重视用动态、闭环反馈的视角看待"社会—技术"系统的安全性问题，系统动力学（system dynamics，SD）提供了用因果回路的思维对上述问题进行概念建模，进而开展系统行为数值仿真，分析风险机理的新思路。

从研究方法层面而言，SD方法在系统安全性分析领域应用可分为两大类，即定性分析和定量仿真。例如，Marais提出了对组织的安全性行为建模的8个定性概念范式（archetypes），导致安全性意识下降，安全性目标退化，安全性程序失效，安全性措施的副作用等方面对影响组织系统安全性的因果关系进行了分析[41]。卢艺等基于俯仰操纵力、力矩以及迎角等参数三自由度仿真结果，利用因果关系模型对 BWB 布局验证机的着陆沉降现象的产生原因进行了定性分析，这是用系统动力学思维概括具体技术系统物理过程的典型案例[42]。Mozier利用定量仿真对化工工业的人员职业安全性相关因素进行了分析，突出了组织的培训和人员的知识技能对其行为安全性的影响[43]。与之类似，Bouloiz 也开展了对化学实验室人员职业安全性影响因素的定量仿真分析[44]。Cooke 采用定量仿真分析了加拿大 Westray 煤矿矿难的事故因素，通过系统动力学建模辨识并讨论了产量压力、工人数量、工人经验、组织和个人安全性共识等因素对事故率的影响。这是采用系统动力学方法对一特定事故案例进行建模分析的典型案例[45-46]。荣灏采用定量仿真分析方法对导弹储存过程中存在的系统安全性风险因素的因果关系进行了建模，通过模拟场景的分析，对组织可能采取的安全性保障措施的收益进行了评估，并提出了建议[33]。张泽京以 SD 方法为基础，结合传统面向技术系统的 FTA 和 MA 方法，将新布局飞机缩比验证无人机研制和试飞活动中的组织、人员和技术系统之间的风险机理进行了分析，建模的合理性通过了实际试飞数据的验证[47]。

在分析了以上系统动力学建模研究后，本书认为，SD 建模因素选取的主观性较大，尤其是在安全性领域应用时，在应用 SD 方法开展系统安全性建模与分析研究时，由于缺乏经过验证的充分的系统基模，且模型行为不如传统的物流、生态及金融系统等存在明确的可量化的因果关系，直接的量化关系难以获得，变量之间的必然性联系缺乏推敲，避免上述的主观性现已变得尤为重要。例如，在Bouloiz 的研究中，提出了类似"安全性控制结果"这类的缺乏针对性的因素，且所提出的模型的反馈回路的分析中存在概念的错误,例如,文中的 B1 和 B2 都是开环回路,而该研究却错误地把其作为闭环回路。因此,本书认为,系统动力学建模应突出"概念模型"的合理性,这要求研究者通过对系统安全性理论和事故报告进行深入的研究,总结明确的因果关系,通过仿真结果的敏感性和对反馈回路结构的分析来检验模型的结构。尤为重要的是,仿真结果应有历史数据支持或实验数据验证。

1.3　无人机系统适航管理发展概述

无人机系统技术的发展使其越发广泛地应用于军事、民用领域的航空活动中,但随着全球无人机飞行频次和飞行时间的大幅增长,其相比于传统载人飞机呈现出了较高的事故率特征,对公共安全造成了极大的威胁,对确保无人机系统的安全性提出了迫切需求。针对航空器的安全问题,"适航性"的概念同样适用于无人机系统,适航性是指航空器包括其系统及子系统在预期运行环境和使用限制下始终处于安全运行状态的固有品质[48]。达到安全运行状态的标准是通过表明对适航规章的符合性进行验证和确认的。相比于载人民用航空器已经建立起较为完善的适航管理和适航规章体系,全球各国都在积极开展面向各类型无人机系统的适航监管体系建设以及技术标准制定的研究和立法工作。在顶层适航监管体系上,由于无人机系统"人机分离"的运行特点,且在构型、起飞重量、飞行性能、预期用途等多方面的巨大差异,相比于成熟的载人飞机适航管理体系,必须重新构建适航管理体系和方法,定义适航管理类别。在此基础上,需要建立无人机系统适航标准体系,标准内容可以来源于载人飞机适航规章的适用要求,也可以针对无人机系统的设计特征进行编制。

1.3.1　欧洲无人机系统适航管理发展过程

欧洲对无人机系统开展适航管理的相关工作,主要是以欧洲航空安全局(EASA)及其前身联合航空管理局(JAA)为主导并联合行业协会开展的。欧洲的无人机系统适航管理研究工作可以追溯到 2002 年,到目前已经形成了较为成熟的无人机系统适航管理框架,并且依托行业协会组织制定了支撑性的标准和规章草案。从欧洲对无人机系统适航管理工作思路的发展过程来看,其可分为 3 个阶段。

1) 起步阶段

2002 年 9 月,JAA 与欧洲航行安全组织(EUROCONTROL)联合成立了无人机工作小组。该小组经过两年的研究和调研,于 2004 年发布最终报告《欧洲民用无人机规章思路》,形成了当时制定民用无人机规章的思路。对于无人机规章,报告主体部分围绕 5 个方面提出了整体的规章思路,并强调至少在当前阶段,需借鉴已有的常规有人飞机规章,并做剪裁和补充。但报告中并未形成无人机空中交通管理的规章思路,仅对限制区域外无人机的空管规定的后期工作提出了一些建议[49]。

随后,EASA 于 2005 年发布了 A－NPA 16－2005《无人机系统合格审定政策征求意见稿》[50],该政策计划制定以下 3 部无人机系统适航标准:

(1) CS－LUAV,适用于小于 750 kg 的轻型无人航空器系统。

(2) CS－UAV23,适用于 750～5 700 kg 的单发和双发无人航空器系统以及 5 700～25 000 kg 的多发无人航空器系统。

(3) CS－UAV25,适用于 25 000 kg 以上的双发无人航空器系统。

伴随无人机技术和型号的发展,欧洲也在逐步调整对于无人机系统进行适航管理的工作思路,作为早期阶段的计划,上述 3 部规章最终并未形成。

2) 过渡阶段

2009 年 8 月,EASA 正式发布了 E. Y013－01《无人机系统适航审定政策》,针对无人机系统适航审定的关键问题进行了说明,其核心思想是在参照有人机规章体系的基础下,将无人机系统进行等效,选择和裁剪现有的有人机规章以及考虑无人机系统独有的物理特性确定专有条件作为审定基础,对无人机系统进行适航审定[51]。该文件相当于有人机适航规章中总则作用的 CS－21 部,但是只作为符合当时欧洲无人机发展状况的暂时性的代替文件,EASA 特别说明,在积累更多的无人机系统适航审定经验之后,将发布正式性的类似于 21 部的无人机系统指导性规章。

在无人机系统适航审定政策中,EASA 选择以适航规章 21 部为基础,确认了其对无人机系统的适用性,并且确认对于常规民用无人机的审定,可以借鉴现有规章中的型号合格审定程序。型号申请人需证明无人机型号符合所确定的审定基础,局方基于此为其颁发型号合格证(TC),并且为按照批准的型号设计所生产的无人机颁发适航证;此外,局方可为某些无人机系统颁发限定类型号合格证和适航证。对于设计符合特定的适航规范但与规章中的基本规范存在偏差的无人机,考虑其用途并能确保足够的安全性,则可以为其颁发限定的型号合格证和适航证。

以上两种方式体现了 EASA 针对无人机系统适航审定问题的两种思路[5]。

一种可以称为"遵制法",类比传统有人机的适航审定思路,建立无人机的相应适航规章,局方将特定的无人机及其子系统(如地面站、数据链)按照对应的规章要求进行型号批准,颁发相应的适航证书。第二种思路称为安全目标法,是通过衡量无人航空器在其指定的飞行任务、运行环境下的总体安全目标,局方通过设计批准和运行要求的结合对无人机进行监管,为符合特定安全水平的无人机系统颁发限用类适航证或飞行许可。在当时的技术条件下,EASA 更加倾向于第一种方法,但同时也说明,通过安全目标法为特定的无人机系统颁发限用类 TC 或 AC,也应该作为未来无人机系统适航管理的一种主流趋势,将提高无人机系统从设计到投入运行的经济性和效率。对于一些特定用途的无人机,如极地勘测的无人机,对人员、财产的威胁几乎可以忽略不计,基于安全目标法为其颁发特许飞行证是一种更加经济合理的审定方式。

3) 成熟阶段

2015 年 3 月,EASA 发布了《无人机系统运行概念》,文中提出了两个主要目标,一是以安全合适的方式将民用无人机融入现有的航空系统,二是培养有创新力和竞争力的欧洲无人机工业[52]。文件从无人机运行的角度提出了基于风险的无人机系统监管方法,具体分为 3 个大类:开放类运行,对航空器、使用人没有任何证照要求,飞行无须民航局方的批准,但运行范围有限,如视距内 500 m 飞行,高度 150 m 以下,远离机场等特殊区域等;特许类运行,需要事先进行安全风险评估,获得局方批准才可以实施,评估内容将包括适航性、运行程序、运行环境、人员资质、可用空域等信息;审定类运行,采用与有人机相同的方式进行适航审定,包含航空器、机载设备以及人员资质。随着无人机运行风险的增加,对系统的要求也随之增高,局方对无人机系统的适航管理也将重点关注审定类运行的无人航空器。

在 2017 年 5 月,EASA 发布规章修订通告 NPA – 2017 – 05(A)《无人机系统运行监管框架说明——开放类和特许运行类无人机系统的运行》,并于 2017 年 9 月更新了相应的 NPA – 2017 – 05(B)版,将上述概念转化为真正意义上的 EASA 规章草案,公众评论期结束后,EASA 将审查所有意见。根据收到的意见,EASA 将制定一项规则,其中包含一项新的拟议的委员会执行条例草案,其中规定了无人机系统运行的规则。该规则将提交给欧盟委员会,该委员会将以此作为技术基础,以制定欧盟法规。在通过该条例后,EASA 将发布包含相关可接受的符合性方法(AMC)和指导材料(GM)的决定。根据该 RMT,将在随后的 NPA 中提出额外的 AMC/GM[53]。

其间,EASA 牵头,联合各国民航当局成立了一个国际协调小组,称为无人机系统规章联合制定机构(JARUS),其由国际上相关的行业专家、学者组成,邀请了 FAA 和 EASA 等 50 多个国家民航局参与,专门开展无人机系统管理规则和规章的研究和制定工作,旨在讨论和协调轻型无人机系统审定和运营的要求和限制,拟制定可被多数欧洲主要 NAA 以及 EASA 接受的适航性、运行和空域管理要求草案。2009 年 6 月,JARUS 开始着手在 EASA 合格审定规范 CS - VLR(甚轻型旋翼航空器)和 CS - VLA(甚轻型航空器)基础上制定轻型无人机在有人区上方飞行的适航性标准。JARUS 在 2013 年 10 月颁布了 CS - LURS《轻型无人旋翼航空器系统合格审定规范(草案)》,该标准在 CS - VLR 的基础上通过裁剪、修订和增加新条款制定,适用于不超过 750 kg 的轻型无人旋翼系统。该标准主要包括相应的合格审定标准以及可接受的符合性方法,是通过 EASA 无人机系统适航审定思路建立的第一部规章,对后续的无人机系统适航规章的制定和发展将起到指导和示范作用。2015 年 11 月 20 日,JARUS 编制完成 CS - LUAS《轻型无人固定翼航空器系统合格审定规范(草案)》,并于 2016 年 8 月 18 日进行了内部征求意见,10 月 31 日完成了公众征求意见。其适用于机体最大审定起飞重量不高于 750 kg 的轻型无人固定翼航空器。

1.3.2　美国无人机系统适航管理体系

美国无人机系统的适航管理主要由美国联邦航空局(FAA)组织,由美国试验和材料协会(ASTM)和航空无线电技术委员会(RTCA)等组织共同参与,并尝试对无人机系统颁发授权和豁免(COA)以及试验类特殊适航证。目前,美国无人机系统的适航管理是围绕着《2012 年 FAA 现代化和改革法案》[54]开展的,在该法案的 B 分部专门针对无人航空器系统,旨在构建无人航空器系统融入美国国家空域系统的顶层框架,共有以下条款:

331. 定义

332. 民用无人航空器系统集成国家空域系统(NAS)

333. 特定无人航空器系统的特殊规则

334. 公共用途的无人航空器系统

335. 安全性研究

336. 对模型飞机的特殊规章

基于《2012 年 FAA 现代化和改革法案》,FAA 构建了如图 1.8 所示的无人机适航管理体系:

（1）对 250 g 以下的无人机，相关航空法律法规无要求。

（2）对最大起飞重量小于 25 kg 的非娱乐用途无人航空器系统，按照 Part 107 进行管理。

（3）对于满足 Public Law 112 - 95 中第 336 节规定的航空模型，可申请 Part 107 豁免。

（4）公共用途的无人航空器系统，按照 Public Law 112 - 95 中第 334 节公共用途无人航空器系统取得 FAA 颁发的豁免或授权证书（COA）；其中，公共用途，指由农业部、商业部、国防部、能源部、国土安全部、内务部、司法部、NASA、州立大学以及联邦/州/地方执法部门使用，类似于我国的国家航空器系统。

（5）对于以上范围之外的其他无人航空器系统，可按照 112 - 95 中 333 节特定无人航空器系统特殊规则进行管理。

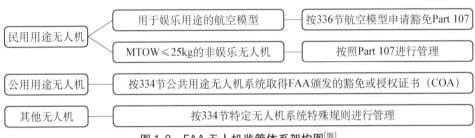

图 1.8   FAA 无人机监管体系架构图[55]

实际上，从图 1.8 可以看出，除了小型非娱乐用途的无人机系统要按照 Part 107 部进行运行管理之外，大型无人机系统如何开展适航管理，包括适航管理的方式、要求，目前 FAA 并没有正式公布其思路和框架，按照其工作计划，优先解决轻小型无人机的监管问题，再逐步扩展到大型无人机系统，以及人群上方运行、货运甚至客运等场景，工作思路如图 1.9 所示。

作为过渡政策，美国 FAA 于 2008 年发布了适航指令 ORDER 8130.34《无人机系统适航性审查》。该指令目前仅作为指导性文件而未指定为强制性[56]。FAA 经过单机适航审定为其颁发"特殊适航证"，尚未提出型号合格审定和生产审定的要求。FAA 提出，对于公共用途的无人机系统颁发授权或豁免证（COA）；对于用在研制、市场调查或机组训练的试验类无人机系统，由制造检查地区办公室依据该指令所建立的程序，为其颁发试验类特殊适航证。

虽然没有发布任何无人机相关的适航规章及草案，但 FAA 一直在开展规章的研究和制定工作，FAA 卓越通用航空研究（CGAR）中心指出："当前有人驾

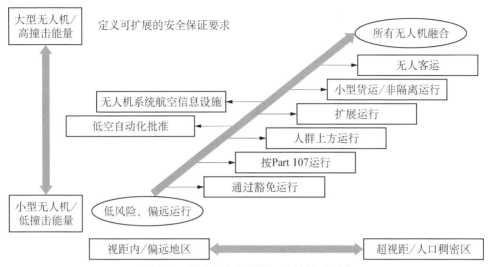

图 1.9 FAA无人机监管工作计划时序图

驶的航空规章只有 30% 的条款可直接应用于无人航空器系统;54% 的条款可以应用或可能需要进行修订;剩余 16% 的条款无法应用于无人航空器系统。"

(1) FAR-21"产品和零部件的合格审定程序"。

美国联邦航空规章汇编(CFR)第 14 卷第 FAR-21 部规定了民用航空产品适航审查程序。它也是全等级范围 14 CFR 的第一部分。正如前面所提到,亟待解决的问题是无人航空器(UA)或无人航空器系统(UAS)的定义,以及是否需要将其作为必须取证的产品。经 FAA 研究表明,目前现行有效的 FAR-21 部中有 9% 的条款明显适用,77% 的条款通过解释说明后可以适用,11% 的条款修订后适用,其分布情况如图 1.10 所示。

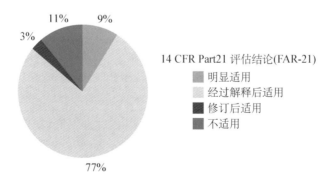

图 1.10 美国联邦航空规章 FAR-21 评审结论

（2）FAR-25"适航标准：运输类飞机"。

CFR第14卷第FAR-25部规定了运输类航空器适航标准。该部适航条例的评估可分成两种类型：①那些与机组成员直接相关或机组成员位置相关条款有44%不适用；②与机组人数无关的条款经解释说明后有66%适用，这些取决于规章中如何定义无人航空器（UA）或无人航空器系统（UAS）。

（3）FAR-27"适航标准：正常类旋翼航空器"。

CFR第14卷第FAR-27部规定了正常类旋翼机的适航标准。与CFR第14卷第FAR-25部相同，两种评估的界面要素还是人。与机组人员相关的条款有20%不适用。与机组人员无关的条款经解释说明后有80%适用，这些取决于规章中如何定义无人航空器（UA）或无人航空器系统（UAS）。

（4）FAR-29"适航标准：运输类旋翼航空器"。

CFR第14卷第FAR-29部规定了运输类旋翼机的适航标准。与正常类旋翼机相同，两种评估的界面要素仍然是人。与机组人员相关的条款有38%不适用。与机组人员无关的条款经解释说明后有62%适用，这些取决于规章中如何定义无人航空器（UA）或无人航空器系统（UAS）。

当前适用的规章具有基于有人驾驶航空器多年实践经验和知识积累的优势。尽管如此，基于有人驾驶航空器和无人航空器系统的差异，针对无人航空器系统使用安全的不同方法有待开发。两者之间的区别如下。

（1）有人驾驶航空器的安全水平是基于大多数飞行时间处于低人口密度区域定义的，并且传统商业飞行是点对点的航线；相反，无人航空器系统的全部飞行时间内几乎都是处于中/高人口密度区域，执行巡逻和侦察任务，这是传统无人航空器系统的使用用途。出于这个原因，有人驾驶航空器的安全水平要求考虑得相对保守；相反地，无人航空器系统需要在人口密集的大城市巡逻，相同的安全水平对于无人航空器系统来说是不足的。

（2）飞行的异常终止对于传统航空来说是主要的顾虑，因为这很可能会产生人员伤亡；但是对于无人航空器系统，只需要让无人航空器以可控的方式坠毁，以减少对地面人员和财产损失的风险即可。

（3）处于航空器上的飞行员可以由人体器官"感觉"到航空器的加速、震动、噪声和气味，以辅助仪表提醒飞行员发生了什么。而无人航空器系统操作员处于地面，或在其他航空器上，因此他/她对发生的事情仅有有限的感知。此外，一些可能的控制执行时间的延迟也必须考虑在内。进而，建议"由于飞行员处在安全环境下的错误所引发的危及生命的结果是无法预期的，飞行员的错误会更加频繁"。最后,除将飞行员从驾驶舱转移到地面以外,对于遥控站和通信链路还应有额外的安全要求。

(4) 有人驾驶航空器的重量范围从只有几百公斤的超轻无动力航空器到具有 600 多吨重的空客 A380 客机。无人航空器系统重量最低可达几克重,至今最高可达几十吨重(全球鹰),所以它涵盖了多数当今有人驾驶航空器类别和所有 FAR/JAR 适航规章。除此之外,对于 100 kg 以下的无人航空器系统,FAA 认为航空模型的要求并不适用,且没有相应的有人驾驶航空器适航规章可以作为参考。

参考有人驾驶航空器系统中定义的严重性等级来划分失效条件下的操作风险,基于预期的结果,分类包括无安全性影响、次要的、主要的、危险的、灾难性的;每个等级对应着不同目标安全水平(TLS),但并不能将其应用至无人航空器系统,因为这些分类主要考虑的是机组人员和乘客的安全、健康和舒适度。因此,在无人航空器系统规章框架中必须形成新的严重性等级。

1.3.3 我国的无人机系统适航管理发展现状

我国对无人机系统进行适航管理,由中国民航局适航审定司牵头负责,具体工作可追溯到 2009 年,由适航司颁发的《关于民用无人机管理有关问题的暂行规定》明确无人机办理 I 类特许飞行证,且需要按照现行有效的规章和程序的适用部分对民用无人机进行评审。在 2012 年,适航司又进一步颁发《民用无人机适航管理工作会议纪要》,进一步明确了单机检查时制定的具体检查单和检测方法,以确定使用限制为重点,颁发 I 类特许飞行证。在这一阶段,对无人机系统只开展检查和评审,基本原则如下:

(1) 进行设计检查,但不进行型号合格审定,不颁发型号合格证。

(2) 进行制造检查,但不进行生产许可审定,不颁发生产许可证。

(3) 进行单机检查,但不进行单机适航审查,不颁发标准适航证。

在此背景下,潍坊天翔 V750 无人机直升机等型号获得了局方颁发的 I 类特许飞行证,但特许飞行证不是标准适航证,并不能使各类别无人机真正通过适航管理进入到行业应用。

2016 年 7 月,民航局曾在深圳举办了民用无人驾驶航空器系统适航管理政策研讨会,拟对《民用无人驾驶航空器系统适航管理要求(暂行)》和《民用无人驾驶航空器特殊适航证颁发和管理程序(草案)》两份草案文件征求意见,按照《民用无人驾驶航空器系统适航管理要求(暂行)》中规定,最大起飞重量大于 250 g

的民用无人驾驶航空器系统需按照特殊类、限用类、标准类申请相应的适航类证件，上述两份草案文件并未正式发布。

2017 年 5 月，适航司颁布管理程序 AP-45-AA-2017-03《民用无人驾驶航空器实名制登记管理规定》[57]，该规定要求在中华人民共和国境内最大起飞重量为 250 g 以上(含 250 g)的民用无人机应进行实名登记，给出了实名登记的具体要求，包括实名登记的流程、信息内容和标识、信息更新等其他要求。该规定的出台是民航局对无人机实施监管的重要举措，注册登记将使航空器和运营人与局方之间建立有效的联系，是后续对无人机系统进行适航管理的基础工作。

2017 年 8 月，适航司发布《无人机适航管理路线图》，规划了无人机适航管理相关研究和政策制定的计划，目标是到 2020 年，建成适应我国无人机产业发展、管理体系完善的无人机实名登记体系、适航管理体系和信息系统平台，无人机适航管理各项政策被业界接受和其他局方广泛认可。

路线图的主要任务涵盖如下：

(1) 制定无人机适航管理分类分级标准。

(2) 建立无人机适航合格审定管理政策。

(3) 制定无人机型号合格审定和生产许可审定管理政策。

(4) 无人机信息系统平台建设。

(5) 其他基础研究。

2018 年 3 月，2018 年适航审定工作会在京召开，对新时代民航适航审定工作的高质量发展做出部署。针对无人机的适航管理，适航司提出"基于运行风险的审定"(based on operation risk certification)的管理思路，并进一步提出了三级管理思路，分别为实名登记、单机适航管理和适航管理。

2019 年 1 月，适航司发布了《基于运行风险的无人机适航审定指导意见》(民航适发[2019]3 号)[58]，提出"四个一"的民用无人机适航管理模式，即"一种方法、一个体系、一套标准、一份证件"，这是在基于运行风险的审定思路下进一步形成的管理和技术体系，也是目前我国无人机系统适航管理的基础框架，如图 1.11 所示。

"一种方法"是指判定民用无人机运行风险等级的风险评估方法，主要是评估无人机失控导致的碰撞风险和严重程度等级，将运行风险划分为低、中、高 3 个等级，后续的管理模式和管理程度将按等级予以分别管理。目前阶段，风险评估方法仍在研究和完善过程，本书第 3 章将详细地进行介绍和探讨。

"一个体系"是指无人机设计制造厂家为了实现设计、制造符合适航标准要

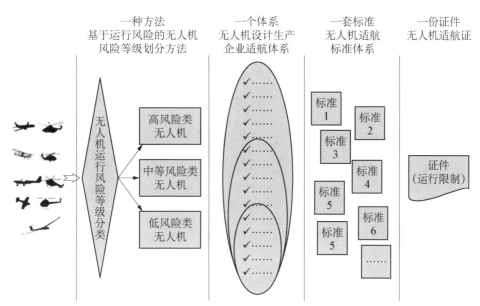

图 1.11　我国民用无人机适航管理总体思想

求的民用无人机产品建立的管控体系。基于风险评估的结果,设计生产低、中、高风险等级无人机的制造厂家均应符合厂家适航体系要求,要求的内容依次由少到多,要求的程度由浅到深。

"一套标准"是指民用无人机应当符合的适航标准。由于无人机系统构型、设计特征的多样性,无人机的适航标准应当是一套技术规章和标准组成的标准体系,顶层是基于性能的适航标准,底层是面向无人机特有技术、特定构型或设计特征的支撑性技术标准,后者也可以视为前者的符合性验证依据。

"一份证件"是指表明民用无人机符合适航标准、具备适航性的证件。后续适航司将针对不同风险等级的无人机系统颁发相应的适航证件。

对于不同风险等级的无人机,应当达到的安全性水平也不同,局方开展适航管理的方法手段和严格程度也应当有所区别。按照当前我国民航局适航司的思路,对于低风险等级的无人机,局方原则上不对该类无人机进行型号设计评审,重点开展单机适航检查;对于从事高风险运行的无人机(如货运无人机、载人无人机),则有必要评审型号设计和生产制造,制造厂家完成适航标准的符合性验证与表明工作,局方进行符合性确认;对于从事中等风险运行的无人机,局方在对项目进行评估后,确定是否有必要进行型号设计评审,同时确定介入程度。

表 1.5 列出了国内民用无人机适航管理政策的主要内容。

表 1.5　国内民用无人机适航管理政策汇总表

序号	文 件 名 称	发布时间
1	《关于民用无人机管理有关问题的暂行规定》(ALD2009022)	2009 年 6 月
2	《民用无人机适航管理工作会议纪要》(ALD‐UAV‐01)	2012 年 1 月
3	《民用无人驾驶航空器系统适航管理要求(暂行)》	2016 年 7 月 未正式颁发
4	《民用无人驾驶航空器特殊适航证颁发和管理程序(草案)》	
5	《民用无人驾驶航空器实名制登记管理规定》(AP‐45‐AA‐2017‐03)	2017 年 5 月
6	《关于发布无人机适航管理路线图的通知》(民航适函[2017]54 号)	2017 年 8 月
7	《基于运行风险的无人机适航审定指导意见》(民航适发[2019]3 号)	2019 年 1 月

　　由以上无人机适航政策及标准的现状来看,民用无人机的适航规章及标准的制定相对于军用无人机尚处于滞后状态,尤其是中国目前以临时运行管理办法为主,尚无适航审定程序,安全性责任放在工业方。总体上看,我国在无人机适航问题的研究和管理仍处于起步阶段,国内没有针对无人机颁布正式的适航规章,无人机审定工作还只能以有人机的适航规章为基础进行,这些规章对于地面站、数据链等无人机特有部分缺乏统一的规章要求,难以保证无人机的安全性和设计完整性。因此,建立完善统一的民用无人机规章体系、管理和技术标准,使局方对无人机的设计进行统一的管理和控制,保障无人机的技术水平和安全属性,为无人机的空域运行提供可能,是我国无人机系统适航急需解决的问题。

1.4　本章小结

　　国内外目前在军民用无人机系统的应用上已经积累了一定的经验,但是由于其安全性水平尚未达到同量级有人机水平,故现有的大型民用无人机都是在特定的隔离空域中飞行的。因此,研究具有系统性、主动性的适用于上述类型无人机系统的安全性理论及建模方法是使我国未来无人机系统安全性水平具有较高起步点的前瞻性需求。

　　在此需求下开展的研究将有助于我国未来的民用无人机系统适航规章立法,但这需要对无人机系统的系统安全性相关因素,尤其是针对无人机"研制—维护—运行"过程中存在的组织、人为因素和技术系统间耦合作用进行辨识,并对其典型规律进行研究。本书将主要围绕安全性要求等级最高的大型无人机系统,构建影响其事故率的相关风险因素间的反馈过程因果关系模型,考虑无人机系统的技术特性,分析相关的组织、人因、技术因素耦合影响的"社会—技术系统"动态行为,提出无人机系统安全性风险分析与安全动力学建模的理论体系,为无人机系统的运行风险评估、适航规章框架制定提供系统性决策支持。

参|考|文|献 ••••••••••••••••••••••••••••••••••

[1] EASA. Policy for Unmanned Aerial Vehicles (UAV) Certification, 2rd ed [S]. EASA, 2005.

[2] NATO. Unmanned Aerial Vehicles Systems Airworthiness Requirements (USAR), STANAG 4671 [S]. NATO, 2009.

[3] DoD. Unmanned Aerial Vehicles Roadmap, 2009 - 2035 [R]. Office of the Secretary of Defense, Department of Defense, Washington DC, 2001.

[4] Schaefer R. Unmanned Aerial Vehicle Reliability Study [R]. Office of the Secretary of Defense, Washington DC, 2003.

[5] Joint JAA/EUROCONTROL Initiative on UAVs, UAV TASK-FORCE Final Report [R]. Joint Aviation Authorities. 2004.

[6] Blyenburgh P. 2016/2017 UAS Yearbook-UAS: The Global Perspective - 14th Edition [R]. Blyenburgh & Co, 2017.

[7] 尹泽勇,李上福,李概奇.无人机动力装置的现状与发展[J].航空发动机,2007,33(1):10 - 15.

[8] SAE. ARP 4754 Certification Considerations for Highly-Integrated or Complex Aircraft Systems [S]. Warrendale, 1996.

[9] ISO/IEC. Safety Aspects-Guidelines for Their Inclusion in Standards, 2nd ed [S] Switzerland, 1999.

[10] Heinrich H W. Industrial Accident Prevention: A Scientific Approach [M]. Columbus: McGraw-Hill, 1931.

[11] Clifton E. Fault tree analysis-a history, The 17th International Systems Safety Conference [C]. Orlando, FL, 1999: 1 - 9.

[12] Reason J. Human Error [M]. Cambridge: Cambridge University Press, 1990.

[13] Reason J. Managing the Risks of Organizational Accidents [M]. Hamphire: Ashgate Publishers, 1997.

[14] Wiegmann D A, Shappell S A. A Human Error Approach to Aviation Accident Analysis: The Human Factors Analysis and Classification System [M]. Burlington: Ashgate, 2003: 45 - 56.

[15] Salas E, Wilson K A, Burke C S. Dose Crew Resource Management Training Work? An Update, and Extension, and some Critical Needs [J]. Human Factors, 2006,48(8):

392 - 412.

[16] SAE. ARP 4761 Guideline and Methods for Conducting the Safety Assessment Process on Civil Airborne Systems and Equipment [S]. Warrendale，1996.

[17] Williams J C. A data-based method for assessing and reducing human error to improve operational performance，The IEEE 4th Conference on Human Factor and Power Plants [C]. IEEE Press，New York，1998.

[18] Harel D S. A Visual Formalism for Complex Systems [J]. Science of Computer Programming，1987,8(3)：231 - 274.

[19] Murata T. Petri nets：properties，analysis and applications，Proceedings of IEEE [C]. 1989,7(4)：541 - 580.

[20] Gong L，Zhang S G，Tang P，et al. An Integrated Graphic-taxonomic-associative Approach to Analyze Human Factors in Aviation Accidents [J]. Chinese Journal of Aeronautics，2014,27(2)：226 - 240.

[21] Veltri A. Strategically Planning the Safety Function [J]. Occupational Hazards，1989,51 (11)：59 - 62.

[22] Waring A. Safety Management Systems [M]. London：Chapman and Hall，1996.

[23] Perrow C. Complex Organizations：A Critical Essay [M]. New York：McGraw-Hill，1986.

[24] Boin A，Schuman M. Assessing NASA's Safety Culture：The Limits and Possibilities of High-Reliability Theory [M]. Public Administration Review，2008.

[25] Leveson N G. A New Accident Model for Engineering Safer Systems [J]. Safety Science，2004,42(4)：237 - 270.

[26] Nemeth C. Enk Hollnagel FRAM：The Functional Resonance Analysis Method：Modeling Complex Socio-technical Systems [J]. Cognition，Technology & Work，2013，15(1)：117 - 118.

[27] Weinberg G. An Introduction to General Systems Thinking [M]. New York！John Wiley & Sons 1975.

[28] Johnson W G. MORT Safety Assurance System [M]. New York：Marcel Dekker，1980.

[29] Rasmussen J. Risk Management in a Dynamic Society：A Modelling Problem [J]. Safety Science，1997,27：183 - 213.

[30] Svedung I，Rasmussen J. Graphic Representation of Accident Scenarios：Mapping System Structure and the Casusation of Accidents [J]. Safety Science，2002,40(5)：397 - 417.

[31] Leveson N. A New Accident Model for Engineering Safer Systems. Safety Scicnce 2004，42(4)：237 - 270.

[32] Leveson N G. Engineering a Safer World [M]. Cambridge：MIT Press，2012.

[33] 荣灏. 导弹储存使用过程安全性动态评估方法研究[D]. 北京：北京航空航天大学,2014.

[34] Ishimatsu T，Leveson N G，Thomas J，et al. Modelling and hazard analysis using STPA，presented at the Conference of the International Association for the Advancement

of Space Safety [C]. Huntsville，Alabama，2010.

[35] Feming C H，Spencer M，Thomas J，et al. Safety Assurance in NextGen and Complex Transportation systems [J]. Safety Science，2013,55(3)：173 - 187.

[36] Ouyang M，Hong L，Yu M，et al. STAMP-based Analysis on the Railway Accident and Accident Spreading：Taking the China-Jiaoji Railway Accident for example [J]. Safety Science，2010,48(1)：544 - 555.

[37] Lu Y，Zhang S G，Tang P，et al. A Safety Control Approach to a Low Cost Blended-Wing-Body UAV Demonstrator Free-flight Test [J]. Safety Science，2015,(74)：102 - 113.

[38] 胡剑波,郑磊.综合火/飞/推控制系统复杂任务的 STAMP 建模和 STPA 分析[J].航空工程进展,2016,7(3)：309 - 315.

[39] 高远,樊运晓,王鹏,等.基于 STPA 的特种设备安全违规致因模型研究[J].工业安全与环保,2017,43(5)：49 - 52.

[40] Forrester J W. Industrial Dynamics [M]. Cambridge：MIT Press，1961.

[41] Marais K，Saleh J H，Leveson N G. Archetypes for Organizational Safety [J]. Safety Science，2006,44(7)：565 - 582.

[42] Lu Y，Zhang S G，Li X Q. A Hazard Analysis Based Approach to Improve the Landing Safety of a BWB Remotely Operated Vehicle [J]. Chinese Journal of Aeronautics，2012,25(6)：846 - 853.

[43] Moizer J D. System Dynamics Modelling of Occupational Safety：A Case Study Approach [D]. PhD Thesis，Stirling：University of Stirling，1999.

[44] Bouloiz H，Garbolino E，Tkiouat M，et al. A. System Dynamics Model of Behavioral Analysis of Safety Conditions in a Chemical Storage Unit [J]. Safety Science，2013,58(1)：32 - 40.

[45] Cooke D L. A System Dynamics Analysis of the Westray Mine Disaster [J]. System Dynamics Review，2003,19(2)：139 - 166.

[46] Cooke D L，Rohleder T R. Learning from Incidents：From Normal Accidents to High Reliability [J]. System Dynamics Review，2006,22(3)：213 - 239.

[47] 张泽京. 无人机系统适航基础问题研究[D].北京：北京航空航天大学,2017.

[48] De Florio，F. 著.适航性：航空器合格审定引论[M].张曙光,柯鹏,潘强,等编译.北京：北京航空航天大学出版社,2011.

[49] UAV TASK-FORCE Final Report. A Concept for European Regulations for Civil Unmanned Aerial Vehicles (UAVs)[R]. The Joint JAA/EUROCONTROL Initiative on UAVs，2004.

[50] A-NPA No 16 - 2005，Policy for Unmanned Aerial Vehicle (UAV) Certification [S]. EASA，2005.

[51] E. Y01301，Policy Statement Airworthiness Certification of Unmanned Aircraft Systems [R]. EASA，2009.

[52] EASA. Concept of Operations for Drones，A risk based approach to regulation of unmanned aircraft [R]. EASA，2015.

［53］ NPA‐2017‐05，Introduction of a Regulatory Framework for the Operation of Drones ［S］. European Aviation Safety Agency，2017.

［54］ U. S. Government. FAA Modernization and Reform Act of 2012 ［S］. 2012.

［55］ 张泽京，苗延青，史校川. 大型民用无人机适航管理问题研究［J］. 航空标准化与质量，2018，(1)：29‐33.

［56］ FAA Order 8130. 34D，Airworthiness Certification of Unmanned Aircraft Systems and Optionally Piloted Aircraft ［S］. FAA，2017.

［57］ AP‐45‐AA‐2017‐03，民用无人驾驶航空器实名制登记管理规定［S］. 中国民用航空局，2017. 4.

［58］ 民航适发［2019］3 号，基于运行风险的无人机适航审定指导意见［R］. 中国民用航空局，2019. 1.

2 典型无人机系统事故分类及致因统计

自 20 世纪 90 年代起,有大量的学者、机构开展了有关无人机系统安全性贡献因素的统计和分析工作,并得到了一个总体趋势的变化过程:随着无人机系统运行频率和累积时间的增加,物理系统可靠性设计与维护指令、流程趋于完善,机组和维护人员的人为因素的事故影响比例开始日益扩大。例如,Tvarynas 等研究发现,1994—2004 年,美国海军/海军陆战队、陆军、空军无人机系统的事故率中与人为因素相关的比例逐年升高,包括了高工作负荷、注意力以及机组协调和沟通[1]。目前以美国为代表,对无人机系统事故数据形成原因的分级依据包括两个步骤:第一步是将事故分为人为因素、维护、飞机和未知 4 类;第二步是依据"人为因素分析和分类系统(HFACS)"方法,将人因相关事故再分为警告/告警、显示设计、流程性错误、技能型错误及其他。

2.1 国外无人机系统事故汇报与调查机制

对于传统载人航空器的事故或事故征候的汇报和调查,各国均有较为完善的规章制度。以美国为例,美国的规章制度,无论是航空安全信息还是事故调查方面的规章,都较成体系,确保了安全管理的良性运转。FAA 建立了事故和事故征候的强制报告系统,并制定了相应的规章《FAA order 8020.11 航空器事故与事故征候的通知、调查和报告》,对报告内容、时限和报告方式进行了详尽的规定[2]。我国民航规章中,同样规定了完善的事故报告和调查机制,包括《CCAR -395 民用航空器事故和飞行事故征候调查规定》[3]、《CCAR - 396 民用航空安全信息管理规定》[4]等。

由于无人机自身的特殊性及相关法律法规仍不健全,在世界范围内无人机事故的汇报和调查机制仍不成体系。相对而言,美国基于已有载人航空器的相关制度,在军民用无人机的事故/事故征候汇报(报告)和调查机制制定方面进行修订,形成了包含无人机系统的相关制度,但是针对民用轻小型无人机系统的汇报与调查机制尚未完善,仍以自愿报告的形式为主。

2.1.1　无人机系统事故/事故征候汇报机制

对于起源较早的军用无人机系统,美国等国家有较为成熟的事故汇报机制,发生军用无人机事故后由持有方按照美国国防部指令《DODI 6055.07 事故通知、调查、报告和证据保存》相关规定[5],填写《无人航空器系统事故报告》表单,进行事故汇报,表单中包含无人机本身信息、事故过程相关信息、飞行数据等较为全面的信息[6]。

对于民用无人机系统事故/事故征候报告,美国国家运输安全委员会(NTSB)新修订的 49 CFR830《航空器事故或事故征候与延误航空器的报告和航空器残骸、邮件、货仓的保存和记录》在 830.2 中新增"无人机事故"的定义,且要求操作人员将涉及无人机的事故报告给 NTSB[7]。自此从规章要求上,对于无人机的操作员对无人机事故或事故征候的汇报提出了明确要求,应满足两个条件:①任何人员死亡或严重受伤;②无人机最大起飞重量达到 300 lb(136 kg)或以上,且遭受严重损伤。此外还规定从 2010 年起对于民用无人机事故/事故征候,在选定的 6 个无人机测试基地发生的和各州的警察局处理的无人机事故/事故征候应汇报给 FAA。

截止到 2014 年 8 月 21 日,FAA 共收到了 274 起事故/事故征候,其中 170 起由美国土安全部报告,后因涉及国家安全问题从 FAA 删除[8],余下的 104 起民用无人机事故/事故征候,FAA 曾将其时间、地点、机型、过程描述等简要信息在其官网上公布,但未做深入的分析。

2016 年,美国 FAA 颁布 107 部规章《小型无人航空器系统》(14CFR part 107 Small Unmanned Aircraft System),规定了适用于美国境内民用小型无人机系统的等级/驾驶员资质和运行要求,其中第 107.9 条规定了对于民用小型无人机系统事故报告的标准,其原文翻译如下。

§107.9 事故报告

在发生符合本节(a)或(b)段标准的事故后,不迟于 10 个日历日内,无人机驾驶员必须在 10 个自然日内,以局方可接受的方式向 FAA 报告事故情况:

(a) 严重伤害任何人或任何导致人意识丧失;或

(b) 除小型无人机外,对任何财产的损害,除非满足下列条件之一:

(1) 维修费用(包括材料和劳务)不超过 500 美元;

(2) 在完全损失的情况下,该财产的公平市场价值不超过 500 美元。

该规定要求无人机驾驶员对任何造成人员严重伤害或意识丧失以及造成除无人机以外超过 500 美元市场损失的事故进行报告,报告的方式在 107 部规章对应的咨询通告(AC 107—2)中给出:

4.5.1 提交报告。事故报告必须在事故或伤害发生后的 10 个自然日内提交,可以通过电话或电子版提交给对应的 FAA 地区运行中心(ROC)。电子报告可以在 FAA 官网(www.faa.gov/uas/)进行填写,如果拨打电话需要根据事故发生区域向对应的地区运行中心报告。报告应当包括如下信息:

1. 小型无人机系统驾驶员姓名和联系信息;

2. 小型无人机系统驾驶员 FAA 驾驶员执照号码;

3. 小型无人机系统注册登记号码;

4. 事故发生位置;

5. 事故日期;

6. 事故时间;

7. 人员伤亡情况,如适用;

8. 财产损失情况,如适用;

9. 事故描述。

2.1.2　无人机系统事故/事故征候调查机制

对于无人机系统事故/事故征候调查机制,美国空军(USAF)的做法是将无人机系统作为武器系统的一部分,沿用武器系统的事故调查机制——美国空军的武器系统(包括无人机系统)发生事故后,将开展独立的安全性和事故的调查:

(1) 开展安全性调查是为防止今后的事故。武器系统,如飞机、导弹和航天平台的安全性调查还可以评估对这些系统的战备状态的影响。

(2) 开展事故调查提供一份公开发布的报告。飞机事故调查委员会收集和保存事实信息,用于后续的索赔、诉讼、行政的或潜在的纪律处分,以及所有其他用途。

安全性调查优先于事故调查,因为需要快速评估对武器系统实现国防作用的能力的影响。此外,安全调查员将给予广泛的自由,以帮助快速得出结论。例如安全性调查委员会(SIB)成员有权根据保密承诺使用证词,并对于原因和建议进行讨论,而无需承担证据的沉重负担。该安全性调查委员会的结论只能反映调查组成员最好的专业判断。SIB 成员是因他们对事故武器系统的维护、运营、使用角色和任务非常熟悉而特别选取的。通常情况下,SIB 将由一名上校领导,由 6 至 10 名其他官员或高级士兵共同组成。该 SIB 在事故发生后数日内召集,并给予大约 30 天的时间反馈评估。该 SIB 将通常要花 1 周至 10 天时间在坠机现场收集事实数据,并采取目击者的证词。接下来的两个星期 SIB 将研究和完善调查结果和建议。最后,SIB 准备完整的报告,并提交给召集当局。

该 SIB 报告分两个部分编写。第一部分是纯粹的事实,而第二部分是有权限的,这意味着它是仅用于事故预防,且限制在空军内部使用。事实部分将传递给事故调查委员会,且其全文将被并入事故调查报告。有权限的部分包含依据保密承诺获取的证词及 SIB 审议的记录。到此阶段 SIB 完成了安全性调查,接下来将由事故调查委员会(AIB)完成事故调查。通过审查 SIB 报告第一部分的事实信息与补充证据,事故调查委员会(AIB)开始调查。AIB 通常是即时任命,并且一收到第一部分及 SIB 的补充证据就开始其调查。审查完 SIB 第一部分以及补充证据后,调查委员会可会见证人和实施所需的任何附加的测试。AIB 报告约在 60～90 天内完成并公布。这一时间包括如下时间,首先是报告完成技术审查和协调的时间,其次是召集当局(司令部正司令)批准并通报给家庭成员的时间(如适用)。美国空军的无人机系统事故,同样是由空军航空器安全性调查委员会(SIB)和事故调查委员会(AIB)根据空军指令 AFI 91 - 204,AFI 51 - 503,AFI 51 - 507 组织开展调查的。对于每一次事故,最终形成的事故报告主要包括两份:一份是事故报告摘要,一份是事故报告完整版。AIB 的事故报告如果获批公开发布后会在专门的网站上列出。

对于新兴的民用无人机,国际航空安全调查员协会(ISASI)于 2015 年 1 月份发布了一份指导性文件《无人机系统手册和事故/事故征候调查指南》[9]。该指南由 ISASI 的"无人机工作组"起草编制,主要目标有:

(1)确定额外的需制订或开发的调查能力,以更好地支持与 UAS 相关的事故的调查。

(2)对 ICAO 附件 13 进行研究,确定对于无人机事故的适用性。

(3)对于无人机相关的事故,确定一个标准的应捕获的数据集。

(4)基于以上的信息,航空安全调查人员确定额外的无人机系统专用的培训要求。

(5)对于创建或保存 UAS 事故相关的证据,确定可能需要的补充规定。

2008 年,美国 NTSB 率先修订了其航空器事故/事故征候报告机制,新增民用无人机系统相关规定,从而形成了无人机系统事故/事故征候报告机制,为后续我国无人机系统事故/事故征候报告相关法律法规的制定提供了参考。事实上,目前随着我国民用无人机产业的迅猛发展,构建提高无人机安全的制度化事故汇报、调查机制的需求尤为突出,数量众多的消费级无人机的安全性状况大多难以受控;对于中大型无人机而言,由于其运行单位的性质限制,体系化的事故汇报和调查机制目前尚未形成。

2.2　典型无人机系统安全性现状

伴随着无人机系统的广泛应用,无人机的安全性问题也日益凸显。相对而言,小型消费级无人机由于其数量庞大、成本低、型号繁多、运行环境的不确定性强和不规范性显著,导致了此类机型增长不受控,其安全性水平更是远远低于中大型无人机(最大起飞重量大、航程远、飞行时间长)。以本书主要考虑的大型无人机而言,其所可能带来的主要危险包括以下三方面:

(1) 无人机事故导致机体本身及机载系统损失。

(2) 无人机坠毁导致地面人员及财产安全。

(3) 无人机在任务过程中与空域内其他飞行器发生空中碰撞。

然而,由于无人机相对于有人机具有采购/运行/维护成本低的固有优势,其在民用领域使用的前景日益广阔。据统计,在 2010 年,全球民用无人机已经形成了大约 1 000 亿美元的市场规模,此后呈逐年增长趋势[10]。与此同时,工业界与学术界都已经意识到,在无人机大量民用化的未来,全空域使用、飞行频次不断增加的情况下,无人机系统的安全性问题日益凸显。在现阶段,例如美国自 2003 年起已经将 MQ‐1 系列"捕食者"无人机系统投入海岸监测、空域监视等民用用途,而中国自 2008 年起也有大量的中大型无人机投入农林、物流、环境监测、救灾等民用领域。继承于军用无人机的系统特征和运行习惯,现有的大多数无人机在进入民用领域时都存在其安全性特征亟待强制增强的现实要求,这也是目前世界各国业界、机构、航空审定、运营当局正在长期努力的课题。

2.2.1　无人机系统事故率变化趋势

对于无人机安全性这一主题,军用无人机是首选研究对象。因为其具有较长的运行历史而且数据记录相对系统而精确,也有大量的公开事故报告可以参考。本书主要收集的无人机事故数据的来源是目前数据量较为丰富、全面的美国空、陆军。总体而言,对于不同工作状态下的系统,其事故的类型和涉及的人为因素都有所不同。此外,研究表明,大量的事故通过用户界面和使用流程的分析,是可以被预知的。

以典型的中大型无人机系统(最大起飞重量超过 600 kg)为例,在 2002 年时,此类无人机的灾难性事故率相对于有人类军用无人机高约 1 个数量级,为 10^{-4} 次每 10 万飞行小时[11]。在国内外已知数据较多的无人机种类中,以美国空军 MQ-1"捕食者"无人机为代表的无人机的累计飞行小时数最先达到 10 万飞行小时水平,其当年 A 类事故率(造成 100 万美元损失或人员伤亡的灾难性事故)也最先达到 10^{-5} 次每 10 万飞行小时水平,其安全性在中大型无人机中属于较好水平,仅次于 RQ-4"全球鹰"无人机系统(该机的造价及设计要求更高)。按照上述尺度,以美国空军 MQ-1"捕食者"为代表的无人机系统与 F-16 战斗机和 U-2 侦察机的 A 类事故率的对比如图 2.1 所示。

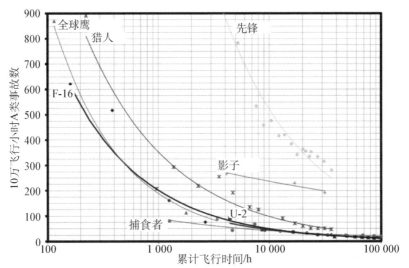

图 2.1　美国空军有人机与中大型无人机系统 A 类事故率对比(每 10 万飞行小时)[12]

在 2004 年,当年累计达到 10 万飞行小时统计尺度的美国空军 MQ-1"捕食者"无人机,A 类事故率为 2×10^{-4} 每飞行小时,而 F-16 战斗机和 U-2 侦察机分别为 4.1×10^{-5} 每飞行小时和 6.8×10^{-5} 每飞行小时相比,仍存在较大的差距。随着技术不断成熟和运行累计任务时间的增加,到 2011 年累计达到百万飞行小时,累计 A 类事故率降低到 8.56×10^{-5} 每飞行小时。此外,RQ-4"全球鹰"无人机在总体事故率趋势上与 F-16 接近。2013 年,"全球鹰"累计飞行时间达到 84 000 h,累计 A 类事故率达到 7.1×10^{-5} 每飞行小时,已接近有人战斗机的安全性水平。同时比较其他几型无人机系统,包括 RQ-2"先锋"无人机、RQ-5"猎人"无人机以及 RQ-7"影子"无人机,在 2004 年均达到了 2×10^{4} 以上飞行小时,从呈现的事故率水平和趋势上,与无人机系统的大小、复杂程度具有一定的相关关系,即在外形尺寸和起飞重量等方面越来越接近有人机,也呈现出较低的事故率水平,而起飞重量小的无人机系统呈现了可靠性差、抗干扰能力弱等鲜明的事故特点。

在公开的研究资料中,类似 OSD 开展的此类全面统计的披露,在 2005 年后开始减少,故本书以美国空军 MQ-1"捕食者"无人机系统为例对此趋势做一补充,具体数据统计参见附录 B.2。"捕食者"无人机 2000 年 A 类飞行 10 万小时事故率为 25.7 次(事故数占美空军当年总 A 类事故率的 5%),2006 年当年 A 类飞行 10 万小时事故率为 8.65 次(占美空军当年总 A 类事故率的 10%),2013 年时,该指标为 3.52 次(事故数占美空军当年总 A 类事故率的 49%)。这一趋势表明,随着运行时间的增长,无人机系统的累积及当年 A 类事故率呈持续下降趋势,然而无人机系统的事故数目在军用航空器总事故数目中所占的比重却呈逐年增长的状态。事实上,该水平相对于传统的有人军用飞机也是相对偏低的。根据目前公开的美国空军"安全可持续性中心(SSC)"的相关数据,以 2004—2006 年为例,美国空军所有型号军用航空器中的 A 类事故率(造成 100 万美元损失或人员伤亡的事故)中的 20% 是 MQ-1"捕食者"无人机系统所贡献的,共有 21 起,其中 17 架捕食者无人机完全损毁;在 2013 年,由"捕食者"无人机系统所贡献的 A 类事故率比例占了 57%,共有 7 架损毁,到 2017 年,该比例也达到了 43%,共有 3 架损毁。

2.2.2　典型无人机系统安全性特征及变化趋势

本部分以美国陆军 RQ-5"猎人"无人机系统(1991—2001 年),美国空军 MQ-1"捕食者"无人机系统(1994—2013 年)为例,梳理其在型号研制和服役之处系统安全性特征的演化过程,为分析无人机系统安全性动力学构建案例基础。这两种机型分别代表了 1 000 kg 以下和 1 000 kg 以上的典型中大型无人机重量分类等级。

2.2.2.1　美国陆军 RQ-5"猎人"战术侦查无人机

1) 系统设计特征

RQ-5"猎人"无人机系统是以色列飞机工业公司面向美国陆军短航程无人机需求而设计的满足短距离侦查、监视以及目标获取任务的中型无人机系统。

系统由 8 架飞机,12 辆卡车(牵引两台地面站,任务规划、发射回收、维护地面站,天线,吊臂以及燃油车等),以及 4 台无线视频终端构成。主承包商为美国 TRW 公司。"猎人"系统是一任务双机设置,其中一台作为机载视频中转。该系统的基本参数情况如表 2.1 所示。1994 年该系统获得了共 7 套系统的"低速初期生产合同(LRIP)"。1995 到 1996 年间该系统交付了 7 套共 62 架飞机,由以色列 IAI 制造,美国 TRW 组装。在"猎人"无人机系统的初期阶段,美国陆军经历了忽视风险、可靠性改善及最终获益 3 个典型阶段。

表 2.1　美国陆军 RQ‐5"猎人"战术侦查无人机系统基本参数

类　　别	参　　数
无人机型号	RQ‐5 Hunter
使用单位	美国及以色列陆军
首飞(退役)时间	1990
翼展/m	8.84
最大航速(巡航速度)/(km/h)	203.5(165)
升限(ELOS,信号限制)/km	4 600
最大航程/km	200
最大起飞重量(空机重量)/kg	727
续航时间/h	12
发动机功率/kW	48
地面站型号	GCS‐3000
单位系统成本/$	24M(8 机)
单位机体成本/$	1.2M
研制公司	美国 TRW 与以色列 IAI 联合研制

2) 系统安全性发展过程

1995 年 8—9 月,处于测试期的 RQ‐5 系统发生了 3 次事故(该阶段的整机系统 MTBF 为 4~8 h),美国国防部决定在 LRIP 完成后不再签署"全速生产合同"。面对这一现状,为了挽回项目已有的投资,"猎人"项目管理办公室以及主承包商 TRW 针对每一个关键的子系统开展了彻底的 FMEA 分析,并成立了失效分析及改进措施委员会对设计进行改进。

(1) 锁定了舵机是导致前期一系列事故的主要因素,并将舵机的 MTBF 从

7 800 h 提高到 57 300 h。

(2) 机载数据通信系统 MTBF 从 97 h 提高到 1 277 h。

(3) 燃油阀门 MTBF 从 453 h 提高到 2 177 h。

(4) 油门作动器 MTBF 从 331 h 提高到 786 h。

(5) 飞控系统软件改进。

在改进之后,1999 年,整机系统 MTBF 为 10 h,达到项目设定要求。2002 年,整机系统 MTBF 达到 11.3 h;其相对于设计安全性需求的对比情况如表 2.2 所示(包含测试、培训及运行架次,1991—1995 年为测试期,1996—2001 年为入役期)。

表 2.2　美国陆军 RQ‑5"猎人"无人机系统可靠性水平(2001 年以前最好水平)

类　　型	MTBF/h	出勤率/%	可靠性/%	10 万飞行小时事故率/次
设计需求水平	10	85	74	无
实际水平	11.3	98	82	1996 年以前：255 1996 年以后：16

面临上述测试期所暴露的问题,该机的研制单位 TRW 公司具备完整的系统可靠性评估体系,并对低可靠性的系统区域进行了改进,除通信系统外,系统失效模式的分布相对均匀,如表 2.3 所示。其中的杂项主要是飞行终止系统和降落伞回收系统的功能失效。

表 2.3　美国陆军 RQ‑5 无人机系统灾难性事故致因分布情况(2001 年以前)

分　　项	动力系统	飞控系统	数据通信系统	机组/维护因素	杂项
比例/%	29	21	4	29	17

总体而言,"猎人"无人机系统早期的高事故率可以归因于以色列 IAI 公司设计水平在 20 世纪 80 年代的状态,而 20 世纪 90 年代中期事故率的降低,可归结于 3 个原因:

(1) 政府/承包商联合关注系统安全性。

(2) 严格的系统及组件设计审查和可靠性分析。

(3) 大量失效关键部件的制造品质提升。

2.2.2.2　美国空军 MQ‑1"捕食者"战术无人机

1) 系统设计特征

MQ‑1"捕食者"无人机是中空长航时战术中型无人机(原名 RQ‑1),其研制原型是 DARPA 的 Amber Program(1984—1990 年),Amber 的概念来源于以色列 IAI 公司。其最初的先进概念技术验证系统(ACTD)命名为 RQ-1A,于 1994 年 6 月首飞(比合同期晚 5 个月),并在 1997 年 6 月完成 ACTD。早在 1995 年,"捕食者"已经被持续使用于南联盟、科威特、科索沃、阿富汗等地的行动中。在 1997 年出现的生产型 MQ-1B 型号上,一个显著的改进是使用 Rotax914 涡轮增压发动机替换了原来的 Rotax912 发动机,飞行速度得到增加;与此同时,可变距螺旋桨(VPP)也被作为新技术特征引入。该机通过光电/红外探头(EO/IR)以及合成孔径雷达辅助飞行和探测,可通过视距内(C-band LOS)或视距外卫星通信(Ku-band SATCOM)数据链控制并转播视频。该机 2005 年形成战斗力。此外,在 2002 年 12 月,美国通用原子航空系统公司收到美国空军 1 570 万美元合同,研制了 MQ-1B 的"中程捕食者",型号 ALTAIR,2003 年 5 月首飞后被命名为 MQ-9"捕食者"B,截至 2013 年,该型号在役数量为 10 架。该机的翼展是"捕食者"无人机的 1.2 倍,空机重量为其 4.7 倍,任务载荷为 8 倍,作战半径为 3 倍,除动力系统外,大部分系统沿用自 MQ-1,其地面站完全沿用 MQ-1。该无人机系统的基本参数如表 2.4 所示。

表 2.4 美国空军 MQ-1"捕食者"无人机系统基本参数

类 别	参 数
无人机型号	MQ-1Predator
使用单位	美国空军
首飞(退役)时间	1994
翼展/m	14.8
最大航速(巡航速度)/(km/h)	217(130—165)
升限(ELOS,信号限制)/m	7 620
最大航程/km	1 100
最大起飞重量(空机重量)/kg	1 020(512)
续航时间/h	24
发动机推力/kW	86
地面站型号	MQ-1

类　　别	参　　数
单位系统成本/$	26.5M（2002 年，4 机）4 030 000（2011 年）
单位机体成本/$	2.4M（2002 年，不含传感器）
研制公司	美国通用原子航空系统公司（GA-ASI）

"捕食者"无人机是目前全世界无人机中累积飞行小时数首先达到 10 万小时这一标志性运行水平的机型，本书在第 3 章中将以该机型的衍生型号 MQ‐9 在执行典型民用任务中发生的一事故案例作为对象，构建基于层级反馈的无人机系统事故分析方法；在第 5 章中将以美国空军在该机型运行中（1994—2013 年）的历史数据，应用本书建立的"无人机系统安全性动力学"模型进行案例仿真。

作为基础，本节对该机型系统的主要工作模式做一概述。该无人机系统根据起降/巡航两类飞行阶段可分为两种操作模式，涉及两类地面操作机组（由于该机型系统一般任务多持续达 20h 以上，多由若干套机组实行轮换制）：

（1）回收机组（LRE），负责无人机在机场起降阶段的起飞和着陆回收人工操纵任务，机组在地面站中通过机头传感器摄像头第一人称视景进行类似有人飞机驾驶。

（2）任务机组（MCE），在 LRE 完成起飞任务后如系统正常则转交给 MCE 进行预定任务（如轨迹规划、高度保持等）；在任务完成返场或出现应急返场情况时，在 LOS 链路正确连接后转交 LRE 人工接管完成着陆任务（一般当无人机距离机场数海里实施接管，1 n mile＝1.852 km）。

该机型系统根据无人机与地面站的通信距离，可分为两种通信链路模式，如图 2.2 所示。

（1）C-Band 点对点 5-GHz 微波通信实时遥控模式（line-of-sight，LOS）。

工作范围为 150 n mile，是起降状态的通信模式；同时负担起降状态的视频传输。LOS 模式下，民用 ATC 通常可以根据机载应答机获得飞机位置信息从而监视其飞行，确保其与民用航空器运行间的隔离。LOS 可能的失效原因主要有：

a. 飞行高度过低或受到地形屏蔽。

b. 地面站天线工作角度。

c. 机载备用电源丧失。

d. 地面站电源丧失。

e. 元件故障。

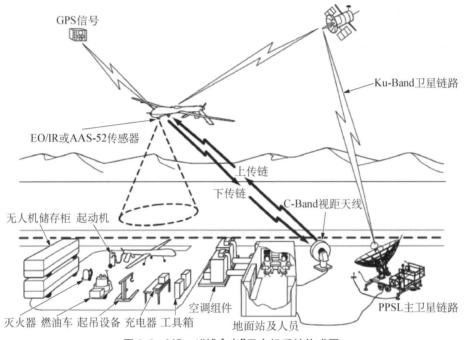

图 2.2   MQ‑1"捕食者"无人机系统构成图

(2) Ku-band 卫星通信模式(SATCOM)。

由地面站、无人机及卫星 3 个终端构成),任务全程信号覆盖,负担在 LOS 工作范围之外的非实时预定指令性操纵(如 AP 空速/高度保持、应急回收程序等),同时也负担实时的任务载荷舱视频 EO、红外成像 IR 和合成孔径雷达 SAR 的传输。SATCOM 可能的失效原因有:

a. 飞行姿态异常(如飞控故障)使天线被遮蔽。

b. 动力系统故障导致电源丧失(备用电源启动时自动屏蔽卫星信号节省电力)。

c. 地面站电源丧失。

d. 元件故障。

e. 气象或其他干扰。

在数据通信链路(主要是操纵指令和视频信号的上传和下传)的设计中,存在一个顶层的设计,即"信号优先":当 LOS 和 SATCOM 信号同时存在时(即 150 n mile 范围内),LOS 信号优先,如果发动机停车备用电源启动时,SATCOM 关闭以节省电力(在第 3 章所分析的 2006 年的事故案例发生之前,发动机点火系统的工作前提是 SATCOM 信号存在)。为了应对可能发生的通信数据链路中断的故障,"捕食者"无人机系统设计了自动应急任务(EM),在 EM 触发后执行卫星通信中断应急返回剖面(lost link profile, LL 剖面)任务,LL 剖面由一系列预定航路点和末端航向及飞行高度构成,在 LL 状态下的无人机在末端位置盘旋,等待 LOS 的链接成功。

应急任务的激发条件包括:

(1) 无人机在 MCE 工作模式下如果遭遇 SATCOM 通信无链接,自动启动 EM 进入预定的 LL 剖面,自动飞行到预定位置及高度(起飞前由飞行员基于地面站机场位置信息,依照流程设置预定航向和高度,在任务过程中可以适当调整),尝试 LOS 的链接,再由 LRE 人工接管。

(2) 无人机如果在上传信号(UL)存在(LOS 和 SATCOM)的情况下,如果由机组手动切断 UL,无人机会自动激发预定的应急任务。

应急任务执行的基本过程包括(见附录 A.2):

(1) 姿态调整,对齐 LL 剖面中的预设航向;以全预定空速 105 kn(195 km/h)全推力爬升 51 s。如果无人机已位于预设 LL 剖面高度的 200 ft(60 m)范围内或更高,该步骤被跳过。

(2) 系统在预设 LL 剖面高度上距离 LL 剖面开始位置 2.5 n mile(4 630 m)的一个指向 LL 剖面航向的航路点,无人机向该航路点飞行。

(3) 一旦无人机到达该点或已飞行 30 min(达成任一即可),无人机即进入 LL 剖面的末端预定轨迹飞行阶段,进入限定空域,等待 LOS 的链接成功,如链接不成功则直到燃油耗尽坠毁。

2) 系统安全性发展过程

在"捕食者"无人机的服役早期,如 1995—1997 年在巴尔干,任务完成率一直较低,主要原因是天气影响,而系统故障约占 12%。美空军在最初只有 3 个中队运行 12 套系统,目前共有 5 个中队运行"捕食者"系列。对于"捕食者"无人机的初期型号 RQ-1A(ACTD 阶段)而言,其累积 A 类事故率相对于同时期的 RQ-2"先锋"和 RQ-5"猎人"等低一个量级,主要得益于其研制单位在此之前有两个类似的设计 Amber 和 Gnat 的存在。在经过了系统可靠性、人机界面改善以及机组培训等措施之后,服役机型 MQ-1B 的累积 A 类事故率逐步下降,如 2006 年为 2.10×10^{-4} 每飞行小时,2013 年为 7.87×10^{-5} 每飞行小时。

(1) 任务出勤率。

对于无人机系统,典型的任务出勤率(availability)的定义如式(2.1)所示:

$$出勤率 = \frac{实际飞行时长}{计划飞行时长} \times 100\% \tag{2.1}$$

基于此,根据美国国防部秘书办公室(OSD)的统计结果,1996 年 3 月—1997 年 4 月,315 个计划中由于天气原因和系统原因导致的任务取消占 60%,另有约 20% 任务在飞行中终止。被终止的任务中,系统原因占 29%,天气占 65%,运行因素(如空域冲突、操作错误和机组在岗时间限制)占 6%(可见不同的事故报告的因素分类是存在差异的)。总体而言,由于系统故障导致的任务终止或取消占总任务数的 12%(38 个任务),由于系统原因导致任务中断但未导致任务取消的占 6%(18 次,通过别的架次代替),还有 2%(6 次)导致飞机停飞。OSD 的研究还表明,通过 1996—1997 年的运行数据,MQ - 1A 的出勤率为 40%,而 1997—2002 年 MQ - 1B 的出勤率为 93%。该调查还将早期的低可靠性归结为由于型号的急迫演示、验证飞行需求压力而导致的运行人员维护培训和后勤基础建设的不足。据此,美军增强了无人机任务前线的保障力量以加速保障和支持能力。

(2) 系统故障平均间隔时间。

"捕食者"无人机系统的可靠性通过平均故障间隔(MTBF)来衡量,其定义如式(2.2)所示。该机型在美国空军服役早期的变化过程(1996—2002 年)如表 2.5 所示。

$$系统平均故障间隔(MTBF) = \frac{系统工作时间(h)}{故障次数(次)} \tag{2.2}$$

表 2.5　美国空军 MQ - 1"捕食者"无人机系统服役早期的 MTBF 变化过程

年份/年	1996	1997	1998	1999	2000	2001	2002
MTBF/h	32	N/A	41	55	59	42	78

"捕食者"在早期与系统性能和可靠性期望相差较大是由于缺乏外场测试和系统安全性需求文档的延迟。整体而言,MTBF 以每年平均 5.9 h 的速度增长,主要原因包括:

a. 培训增强。

b. 维护实践的提高。

c. 可靠性提升措施，执行 FMEA 及总结已有事故。

（3）系统可靠性。

OSD 对无人机系统任务可靠性（mission reliability）的定义为式（2.3）所示。

$$任务可靠性=100\%-\frac{任务取消或中止数}{计划任务架次数}\times100\% \tag{2.3}$$

"捕食者"的可靠性从 1996 年的 74% 以每年 1.6% 的速率，在 2002 年增加到 89%。综合相关研究报告统计，导致任务取消/终止的原因有 3 种。

a. 运行原因，机组、ATC 或军方总部做出的决定，约占 5%。

b. 天气原因，占 30%~70%。

c. 维护原因，根据飞机的子系统可分为若干失效模式（failure mode）。

（a）动力系统，包括发动机、燃油供给、传动、螺旋桨、电力系统、发电机及其他一些辅助系统。

（b）飞行控制系统，包括航电、大气数据系统、舵机与舵面、机载软件、导航及其他相关系统。

（c）数据通信系统，主要是飞机与地面站之间数据链。

（d）人为因素——机组因素和维护问题导致的系统失效。

（e）杂项，包括空域问题及其他一些非技术因素。

"捕食者"在型号初期阶段的灾难性事故致因分布情况如表 2.6 所示。

表 2.6　美国空军 MQ‑1"捕食者"无人机灾难性事故致因分布情况（1997 年以前）

分项	动力系统	飞控系统	通信系统	机组/维护因素	杂项
比例/%	23	39	11	16	11

相关研究表明，导致该机型服役早期的任务可靠性不佳的原因是"运行需求文档（ORD）"应该在项目之初的 ACTD 时期就建立起来，但该文档直到 ACTD 完成时的 1997 年尚未展开，故该机型的系统安全性需求处于空缺状态，如表 2.7 所示。这是由于美军对"捕食者"功能的急迫需求，自 1996 年 3 月起就有持续的战场任务将适应性测试推迟了 3 年。此外，新功能要求，例如机翼防冰系统、集装箱式地面站等都给系统可靠性带来了新的问题。

表2.7   美国空军MQ‑1"捕食者"无人机系统可靠性水平(1997年以前最好水平)

类 型	MTBF/h	出勤率/%	可靠性/%	10万飞行小时事故率/次
设计需求水平	无	无	无	无
实际水平	32	40	74	43

在参考了运行现状后,ORD分析得出"捕食者"无人机单机可用寿命是2 000飞行小时,并据此提出10万飞行小时的事故率为50次。与此同时,MQ‑1B型(即服役型号)也发展出来,表2.8的需求即是ORD在1997年后补充提出的。此外,该机型在上述服役早期的灾难性事故致因分布情况如表2.9所示。

表2.8   美国空军MQ‑1"捕食者"无人机系统可靠性水平(1997—2002年最好水平)

类 型	MTBF/h	出勤率/%	可靠性/%	10万飞行小时事故率/次
设计需求水平	40	80	70	无
实际水平	55.1	93	89	31

表2.9   美国空军MQ‑1"捕食者"无人机系统灾难性事故致因分布情况(1997—2002年)

分 项	动力系统	飞控系统	通信系统	机组/维护因素	杂项
比例/%	53	23	10	2	12

(4) 安全性措施。

"捕食者"无人机1996—2002年任务可靠性的驱动因素,主要分以下几个方面。

a. 人机界面(地面站)改善,在随后逐步增加"捕食者"模拟器培训后,态势感知能力得到提升。在MQ‑1B上人为错误影响得以降低(12%～2%)的主要措施包括:

(a) 对机组针对性的技能培训。

(b) 改善人机界面增强机组的态势感知能力。

(c) 定时自动天气信息持续上传给地面站。

(d) 增加VHF/UHF ARC‑210为机组提供与ATC的直接语音转播。

(e) 加装APX‑100 IFF/SIF模式敌我识别应答机确保机组与预警机通信。

(f) 增加便携飞行计划软件将威胁和任务计划直接传输给机组系统。

b. 升级数据链通信,加装了 ATC 视距外通信电台 ARC-210,但是通信系统的软件和硬件故障导致的影响仍然使通信中断的风险处在 10%~15%。

c. 改善动力系统,为了提高"捕食者"无人机的飞行速度将 A 型的 Rotax912 改为了 B 型的 Rotax914 并增加了可变桨距螺旋桨(VPP)。通过 MQ-1B1997—2002 年的运行时间框架来看,导致任务取消的系统失效中,动力和推进系统所占比例为 A 型的两倍,其中 VPP 故障约占动力失效原因的 10% 左右,发动机本身约占 70%。据此,"捕食者"MQ-1 Block30 批次又进行了新的改进:换装燃油喷射涡轮增压 Rotax914 发动机及双交流发电机。通过上述统计可以看出,虽然更换新发动机在本质上使可靠性相对原来有所改善,但由于其他因素(例如通信系统)的改善对于可靠性的提升相对更显著,发动机所占故障比例反而上升了(23%~53%)。

d. 飞控系统问题,"捕食者"飞控系统所占事故诱因比例从 39% 下降至 23%。这归结于对于气动特性进一步了解及在特定运行环境下的飞行管制的强化。但是飞控系统的硬件故障在这一阶段中占了 40%~60%。

以上是对 2002 年以前的"捕食者"无人机的系统安全性相关表征的分析,对于 2002 年以后的数据可以参见本书附录 B.2 的相关统计,其基本趋势如图 2.3 和图 2.4 所示。本节列出所统计的"捕食者"无人机在 1994—2013 所发生的 A 类事故数目的致因分布结果,如表 2.10 和表 2.11 所示。

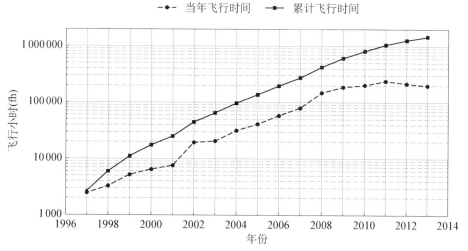

图 2.3　美国空军 MQ-1"捕食者"无人机飞行小时变化趋势

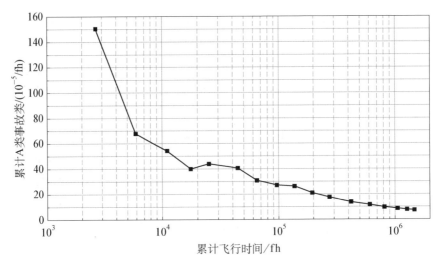

图 2.4   美国空军 MQ‑1"捕食者"无人机 A 类事故率变化趋势

表 2.10   "捕食者"无人机 A 类事故按飞行阶段分布(1994—2013 年)

飞行阶段	起飞	爬升	巡航	进近	复飞	着陆
比　例	6.85%	6.85%	60.3%	12.3%	8.21%	5.48%

表 2.11   "捕食者"无人机 A 类事故致因分布(1994—2013 年)

分　项	动力系统	飞控系统	数据通信系统	机组因素	维护因素	杂项
比　例	23.5%	8.64%	9.87%	27.8%	24.1%	6.2%

2.3   无人机系统事故致因统计及分类分析

结合上述两个典型机型的系统安全性演化过程可以看到,在面对日益增长的无人机应用需求(尤其是民用领域)时,目前世界各国尚没有正式的民用无人机适航规章颁布,直接采用有人机适航审定框架却存在明显的适用性问题:

(1) 不同适航审定类型中的风险管理不公平(类型与风险等级应匹配)。

(2) 针对飞越特殊区域的不同无人机系统规定的风险等级如何确定。

(3) 为无人机系统工业界带来强制的不合理成本(削弱无人机在执行替代有人机任务时的优势)。

总体而言，随着面向系统安全性的事故模型和分析技术的发展，大量的存在于技术层级以上的因素（构成了技术层级风险因素的先决条件）日益得到研究者和受事故影响的组织、机构的关注。如 Reason 提出的"瑞士奶酪模型（SCM）"中，将组织影响因素分为了资源管理、组织环境及组织运行过程 3 类，试图使系统安全性分析能将大量非表象的"潜在因素"纳入理论体系中来。然而，进入 20世纪 90 年代以来，伴随 FAA 和 NTSB 相关专家基于 SCM 模型进行的应用，以美国为代表的国家提出了面向航空器运行的"人为因素分析和分类系统（HFACS）"方法并自 2001 年起在军民机上逐步推广，使航空器的事故率得到了显著逐步降低（同样包括中大型无人机系统）。然而建立在概率工具增强的"事件链模型"基础上的传统事故分析理论随着样本的局限（事故频率的逐渐降低）使理论的实际效用开始出现限制；以美国空军 MQ - 1"捕食者"无人机系统为例，HFACS 方法自美国空军在 2001 年起开始应用后，该无人机系统的累积 10万小时事故率从 43.9（2001 年）降低到 2011 年的 8 左右，在 2013 年后维持在7 至 8 之间，未表现出进一步降低的效益。这表明，传统的事故分析理论确已表现出降低航空器事故率的能力，但由于其所具有的先天"事后性管理"的固有缺陷，使其即便已经扩展了安全性分析的涉及范围（如强化对人因和组织因素的关注）但仍不免停留在表面性和局部性的以"静态因素"为分析对象的工作循环中，使进一步的改善效益受限。

本节在 2.2 节中的两个典型中型无人机事故致因的基础上，总结了具有时间轴代表性的其他典型军民用无人机系统事故统计和因素分析结果，从中可以看到上述量级无人机事故现状及因素的变化过程。

2.3.1 无人机系统事故致因分布统计

1）军用无人机系统

如前节所述，目前以美国军用无人机系统的事故汇报和调查机制最为完善，并且以报告的形式对外公开。本书收集了美国空军事故调查委员会（AIB）公布的 2000—2013 共 81 起美国空军大型无人机系统 A 类事故调查报告，其选取的基础是根据《美国空军条令》（AFI 91 - 204）对 A 类事故的相关规定，即可类比于有人机的事故分级中的灾难性事故[13]，具体机型信息如表 2.12 所示。上述无人机事故致因分为以下几类。

（1）动力装置：包含发动机、燃油、传动、螺旋桨、电气控制系统等。

（2）飞行控制：所有与飞行稳定与控制相关的气动、控制、航电、参数采集、执行机构、机载软件及相关系统;气动因素也应归为此类。

(3) 数据通信:无人机与地面站的上/下传通信数据链。

(4) 人为因素/地面控制:人为差错和地面软/硬件的维护问题。

(5) 环境及其他:包括以上几类之外的因素,如空域原因、天气原因等。

表 2.12 美国空军典型无人机系统事故型号参数

型号代号	型 号	事故数量	机长/m	翼展/m	最大起飞重量/kg	最大飞行速度/(km/h)
RQ/MQ-1 系列	"捕食者"A	73	8.22	14.85	1 020	217
MQ-9 系列(9/9A)	"捕食者"B	5	11	20.1	4 760	482
RQ-4A/EQ-4	"全球鹰"	3	13.41	35.3	11 610	650

在此基础上,考虑无人机系统事故成因的复杂性,结合事故报告中的实际情况按两类处理:①事故主要由单一一类因素导致,统计时按照数值 1 来计算;②事故由两类或多类因素并发导致,选取最重要的两类影响因素,分别记为 0.5 进行统计。统计结果如表 2.13 所示。

表 2.13 美国空军典型无人机系统事故因素分布情况

事故因素类型	统计值	事故比例/%
动力装置	34.5	42.59
飞行控制	17	20.99
数据通信	4	4.94
人为因素/地面控制	21	25.93
环境及其他	4.5	5.55
总计	81	100

2) 民用无人机系统

目前,相对于军用无人机数据的统计规范性而言,民用无人机的数据相对缺乏系统性。鉴于此情况,本书选用了自 2010 年起 FAA 开始在 6 个无人机测试基地所在州开展的事故/事件报告机制,截止到 2014 年 8 月,共收集到 104 起事故/事故症候的报告。通过对该 104 起报告的整理,剔除汇报的军用无人机系统事故(如"全球鹰"无人机 28 起事故报告)以及不同主体汇报的重复事故 3 起,进一步可以确定民用无人机的 58 起事故。其中,参考目前国际适航当局(如 EASA)的分类习惯,将上述民用无人机分为 3 类,从机型数量和事故数量上,最大起飞重量在 25 kg 以下的小型无人机均为最多,体现了民用无人机系统的型号特征,具体机型统计如表 2.14 所示。

表 2.14　美国典型民用无人机系统事故型号分布

最大起飞重量/kg	<25	25~150	>150	总计
机型数量	24	5	3	32
机型占比/%	75	15.63	9.37	100
事故数量	36	13	9	58
事故占比/%	62.07	22.41	15.52	100

按照事故因素分类方式,上述民用无人机系统事故致因占比如表 2.15 所示。事故报告中涉及的机型主要为最大起飞重量 25 kg 以下的轻小型无人机,系统组成较为简单,功能集成度更高:飞行控制系统成为接近一半的事故/事故症候致因;相比于军用大型无人机系统,数据通信是第二大事故因素,归因于小型无人机由于成本低,其系统设计多缺乏可靠性要求,无冗余,环境适应性差;同时,动力装置因素仅占约一成,最主要的原因是小型无人机通常采用电动机作为动力源,技术成熟、结构简单,故可靠性相对更高。

表 2.15　民用无人机系统事故因素分布情况

事故因素类型	统计值	因素占比/%
动力装置	6	10.34
飞行控制	27	46.55
数据通信	15	25.86
人为因素/地面控制	9	15.52
环境及其他	1	1.72
总计	58	100

综合来看,上述统计表明,无论军用还是民用无人机呈现的事故特征,凸显了无人机系统适航工作可从技术系统可靠性(动力、飞控、通信系统)、人因风险

控制(流程、培训、资质认定)两方面入手提升无人机运行安全水平的必要性;其中,应特别考虑到无人机运行时不同于有人机的"人机分离"的系统特性,在技术系统中应当将通信链路、地面站作为系统重要组成部分进行考虑,即纳入"无人机系统"的角度进行全面的适航工作。

2.3.2　无人机系统事故致因——技术系统故障

零部件相对成本低、缺乏适应的系统安全性要求及设计保证手段,是导致无人机相对有人机可靠性低的最重要原因:

(1) 影响部件的可靠性。

(2) 系统冗余设置减少。

(3) 新组件技术使用受限。

例如,使用木质螺旋桨、对水密封部件的重视度不足、机体几何尺寸相对较小使某些型号的无人机相对有人飞机更遭受湿度和结冰的影响。为了提高机电可靠性,提高无人机的成本是必要的。尤为重要的是,OSD 的研究表明,在无人机研究领域,无人机的可靠性尚不能反映出设计时所投入的资金和工作量,即彼此的关系并非线性。对于无人机研制者,尤其是面向政府客户的研制者,他们的注意力往往都在产品生命周期的采购阶段,即强调产品的运能(例如机队出勤率、任务效费比),而事实上在产品概念设计阶段对于可靠性、维护性、部件品质以及性能的需求设定和最终无人机的运行表现密切相关。如果在设计时,以可靠性作为代价换取以"采购为核心的运能需求"的满足,会导致低任务完成率、高维护成本。OSD 建议应该开发和执行一套无人机系统设计的可靠性规格标准,在系统设计执行之初,问题发现的越早,修改所需的成本就越低。该机构统计了典型的无人机系统组件的可靠性水平情况,如表 2.16 所示。

表 2.16　无人机系统典型组件可靠性水平

区域/问题	典型 MTBF/h	主要失效部件	消除措施
内燃机	250(汽油) 1 000(柴油)	活塞,机油密封	未明
涡桨	3 500	变速箱轴承	未明
涡喷	5 000	未明	未明

（续表）

区域/问题	典型 MTBF/h	主要失效部件	消除措施
电力	30 000（电池） 10 000～20 000（燃料电池）	电路元器件	温差发电机
通信系统硬件	1 000	天线驱动 功率放大	Film 天线 ESA/μES 环境控制
飞控系统硬件	2 000～5 000	舵机/作动器	自修复飞控系统

从表 2.15 的统计结果中可以看出，在军用无人机中，动力装置在事故成因中占据了 40% 的比例，是造成无人机系统事故的首要因素。动力装置因素中，主要包含发动机及其子系统的灾难性故障、电气系统故障等典型失效。典型事故案例如：①2011 年 1 月 14 日发生的一起 MQ-1B"捕食者"无人机事故。由于滑油系统中存在碎片或滑油供给管道破裂，以及滑油泵零件材料破损，导致 3 号滑油泵发生故障，使发动机发生灾难性的失效。②2008 年 8 月 1 日发生的一起 MQ-1B"捕食者"无人机事故。1 号交流电机、1 号交流电机和双电机校准器电气线路组件故障导致飞机电气系统短路。

同时，由于飞控系统造成的无人机事故约占 20%，是事故的重要致因。飞行控制中的主要失效包括中央控制单元（包括飞控计算机）的软/硬件故障、舵面控制的软/硬件故障和相关的伺服系统故障，此外针对"捕食者"无人机特性的变桨距（VPP）伺服电机失效在事故统计中出现了多次。典型事故案例如：①2000 年 10 月 4 日发生的一起 RQ-1L 无人机事故。由于飞行计算机失效，导致水平尾翼的全后缘上偏指令的执行，进而造成了飞机失控。②2009 年 9 月 14 日发生的一起 MQ-1B 无人机事故，伺服电位计与第二控制单元的线缆故障导致左尾翼伺服控制缺失，从而导致飞机俯仰控制失效。相对军用无人机，民用无人机的事故致因分布有所差异，主要原因是机型的差异和执行任务复杂度、任务时长区别。

2.3.3　无人机系统事故致因——人为因素和组织因素

人为因素和具体的系统、人机界面设计密切相关。例如 RQ-5"猎人"系统是通过外部操纵员（第三人称）操纵的，而这类系统的大量人为错误都是由此导致的，而对于其他采用第一人称操纵（如"捕食者"）或采用自动器着陆（如全球鹰）的飞机此类事故发生较少，在前述 2.3.1 节的统计中，军用和民用无人机事故中的人为因素所占比例也相对显著,分别占了 25.9% 和 15.5%,在本书针对美国空军 MQ-1"捕食者"无人机系统单一机型的统计中,人为因素所占比例甚至超过了技术系统因素(机组因素 27.8%,维护因素 24.1%)。这虽然与该机型的任务强度和实战环境条件有关,但也进一步暴露了无人机系统存在的不同于有人机的典型运行特征。其主要伴随着无人机系统故障引发的机组人员认知、技能和态度驱使的失误,包括机组协调不足、操作流程培训不足、不当的态势感知和判断、工作负荷过高等。

同时也有部分事故源于不当的人员维护行为,典型的事故案例如:①2002年 5 月 17 日发生的一起 RQ-1L 事故,主要是由于制造商对于右水平尾翼控制伺服系统的错误组装且维护手册中未涉及相关的机构检查造成的;②2012 年 1 月 30 日发生的一起阿富汗前线的 MQ-1B 事故中,由于发动机定期检查时缺失维护项目,导致发动机的冷却泵线路故障未发现,导致动力丧失,最终导致飞机的着陆失败而坠毁。

事实上,无人机系统的人机界面和有人机的设计习惯和实现方式存在先天差别,并且无人机制造商大多不是主流的飞机制造商,在国际上早期的无人机型号中只有 MQ-1"捕食者"采用了类似于有人机的飞行界面。在非直接式驾驶状态下的无人机操纵感受是独特的(机型差异性大),这导致飞行员在前期经验的转换过程中较明显的技能下降。此外,大量无人机事故所共有的一类人因问题是指令响应的界面化问题。例如当无人机在基站之间相互交接时,接收基站人员需要意识到在控制交接建立之后应该发出何种指令,理解与任务相对应的指令以及验证指令是否接受和得到遵照,才能从根本上降低此类事故的发生率。这一课题对于要将无人机融入国家空域系统执行民用运行任务是至关重要的。

学者 Nullmeryer 和 Herz 以"捕食者"无人机的历史事故为研究对象,提出了以下 8 类典型的人为因素分类,如表 2.17 所示[14]。以 2004 年为界,美国空军开始增加了以下两项措施减少人为错误:①基于地面模拟器的飞行员培训;②地面站中的教员监视。Nullmeyer 的分析还指出,在该时间轴内的事故致因变化趋势存在一个关键性的组织背景:空军战略规划下的机组人员数量急需快速扩充。据此,空军研究实验室进一步提出:①更改培训目标,调整培训手段,提升关键性操作员技能;②加强对指挥和控制人员的团队协调和状态感知培训,从而降低人为错误导致事故的潜在风险[14-15]。

表 2.17 典型无人机系统安全性相关人为因素分类

人为因素	构成元素	与 A 类事故相关	与 B、C 类事故相关
人机界面	• 系统功能性设计、程序逻辑、功能性缺陷 • 仪表位置、控制及切换的可操作性、开关位置 • 设备依赖	不良系统设计，开关设置（如着陆视野导致接地高度误判）	不良人机界面、缺乏反馈
决策	• 检查清单错误，任务优先级不当 • 必要操作延迟，采用错误技术手段 • 误动作或步骤选择错误 • 风险评估 • 违反机组规则及飞行条例	• 步骤选择，风险评估（如不当的任务准备叠加误判，导致检查清单执行不当） • 不按规则要求复飞而强行违规着陆）	不良的风险评估/判断
技巧/知识	• 操纵过当或不足 • 缺乏任务相关培训，经验限制（模拟器培训） • 系统了解度、技术性流程了解度	任务培训，经验限制（面对卫星通信链新技术，不熟悉的检查清单及监督不足）	缺乏任务培训，培训缩减
状态感知	• 注意力局限 • 疏忽，混乱，注意力分散 • 空间定向障碍（天气所致视野限制）	注意力局限，疏忽（和人机界面关系密切，如注意力限制在错误空速示数而未及时切换手动控制）	状态重新识别
团队协作	• 沟通误解 • 机组协调 • 机组搭配 • 机组人际关系（机组资源管理）	教员对于学员行为反应迟缓（有的任务 3—4 套机组才能完成，人员交替流程及人员技术差异等往往构成人为错误；在应急情况下的教员、学员角色混淆）	教员—学员沟通
文档	流程文档化（职业指导、后勤及维护流程、飞机操作限制及参数）	流程文档化不当（由于"捕食者"入役过快，在运行早期时，具体的告警及标准的运行流程及飞行参数等文档不全，飞行员多依靠经验飞行）	缺乏关键性能数据
任务准备	• 飞行计划不充分 • 飞行简报不完备 • 天气分析不当	天气分析，非常规的计划（由于飞行员未利用资源规划路径，在 AP 模式下，飞机接近结冰高度及雨区导致事故）	无动态的工作区，对预定路径中的障碍缺乏预报
组织	规定执行，成员协调培训，监督不力，培训不足，程序的风险评估，政府监管	未提供规定的任务培训（缺乏飞行指挥及教员的充分支持及沟通）	不当的豁免，无测试阶段

2.3.4　无人机系统事故致因——环境及其他因素

1）飞行雷诺数

有相关研究指出，由于无人机相对于常规飞机的尺寸较小，通常在1∶100到1∶500万之间，无人机的飞行雷诺数影响是除了系统工程与产品质量以外的第二级影响因素：无人机的巡航雷诺数越小，事故率越高。根据相关管理机构，例如OSD，对无人机低Re的空气动力学理解不够透彻，应对该领域加大投入。

2）降雨

无人机中有部分低成本的型号采用了木质螺旋桨，水对于其可靠性存在影响。且由于大多数无人机机身尺寸相对于有人机偏小（小于1 000 kg量级），受到外场维修性的影响，机身的口盖比有人机更多，而无人机的口盖防水设计往往不足，此外降雨或空气湿度大会影响无人机的机载传感器，例如夜间红外传感器和视频摄像头，对飞行环境的判定产生影响。例如2011年5月的一起"捕食者"A类事故是由于在低云大湿度条件下夜间红外传感器模糊，从而没有能及时发现由于导航系统高度误差导致的进近高度过低的风险，飞机复飞失败而触地。

3）结冰

结冰主要是对翼型、控制面以及螺旋桨构成影响，最终对飞机的可控性和飞行性能构成影响（主要是失速速度升高）。以"捕食者"无人机为例，在2002年以前有3起A类事故是由于结冰所引发的，且均发生在9月—第二年4月海外部署支援任务的意外事件中，这与美国本土无人机训练的相对良性的环境是存在差异的[15]。这对无人机应对低温环境，包括测试评估以及复训提出了新的要求。目前可用于缓解结冰危险的方法主要有：结冰探测、空速管加热、乙二醇机翼湿润、除冰器、聚四氟乙烯表面等。

4）风

由于无人机相对于有人机存在先天系统限制：①可用舵面数目少；②控制面执行机构响应频率低；③飞行速度低，使其对于环境的响应特性（阵风、风载荷）比有人机差。导致这些问题的主要原因是设计者的设计需求和成本考虑，即无人机的尺寸。对"捕食者"无人机量级的战术无人机量级而言，视频抖动（摄像头非增稳）、不稳定飞行（通过螺旋桨声音感知）、失联（信号中断），更严重的可能是发生失控（超过自驾仪回复能力），采用可变距螺旋桨能够一定程度缓解不稳定飞行，但在"捕食者"无人机MQ-1B上频繁发生VPP故障导致的A类事故表明该措施增加了成本和系统复杂性，降低了系统可靠性。由湍流所影响的天线指向精度(导致失联)能够通过全向天线来改善,但是全向天线会导致通信范围等一系列别的问题。

2.4 本章小结

本章结合相关研究文献和无人机事故报告对目前世界范围内的主要无人机系统事故率、事故致因、无人机系统安全性提升措施等随时间的变化过程作了统计及分析。基于对事故致因分布的研究结果,提出可以 2001 年为界作为无人机事故特征的初步分界,前期的无人机事故致因与预防措施研究主要围绕技术系统失效,如机电系统故障,其中很重要的原因是早期无人机缺乏相应的研制标准约束且由于急于投入运行而导致的设计安全性要求的滞后;而此后的研究揭示了越来越多的人为因素为主导的风险因素,并已经得到了无人机研制运行和维护单位的逐步重视,开始从人机界面、培训、流程等角度进行改进,截至目前,人为因素及更顶层的组织因素仍然是导致无人机事故的主要原因,其影响仍超过了技术系统失效,这一结论决定了本书对无人机系统安全性研究的基本视野。

本章为第 3 章中无人机安全性控制结构的建立提供了技术系统的构成信息,为第 4 章通用的无人机系统安全性动力学模型提供了概念建模基础,也为第 5 章的"捕食者"无人机系统安全性动力学仿真提供了基础数据。

参|考|文|献 ·

[1] Tvaryanas A P. USAF UAV Mishap Epidemiology, 1997 - 2003 [R]. Presented at the Human Factors of Uninhabited Aerial Vehicles First Annual Workshop, Phoenix, AZ, May 24 - 25,2004.

[2] FAA Order 8020.11D, Aircraft Accident and Incident Notification, Investigation, and Reporting [S]. Federal Aviation Administration (FAA). 2018.

[3] 中国民用航空局. CCAR - 395 - R1,民用航空器事故和飞行事故征候调查规定[S].北京:中国民用航空局,2007.

[4] 中国民用航空局. CCAR - 396 - R3,民用航空安全信息管理规定[S]. 北京:中国民用航空局,2016.

[5] DODI 6055.07, Mishap Notification, Investigation Reporting, and Record Keeping [S]. Department of Defense Instruction,1989.

[6] DA PAM 385 - 40, Army AccidentInvestigations and Reporting [S]. Department of the Army. Washington,DC. 2015.

[7] 49 CFR Part 830，Notification and Reporting of Aircraft Accidents or Incidents and Overdue Aircraft，and Preservation of Aircraft Wreckage，Mail，Cargo and Records [S]. National Transportation Safety Board，2008.

[8] Robert E. "Buck" Joslin. Insights into unmanned aircraft systems accidents and incidents 2009—2014，. Aviation，Aeronautics，Aerospace International Research Conference [C]. 2015.

[9] ISASI. Unmanned Aircraft System Handbook and Accident lncident Investigation Guidelines [R]. International Society of Air Safety Investigators，2015.

[10] Schaefer R. Unmanned Aerial Vehicle Reliability Study [R]. Office of the Secretary of Defense，Washington，DC，2003.

[11] 李文泾. 无人机系统的运行管理[M]. 北京：北京航空航天大学出版社，2011.

[12] OSD. Unmanned Aircraft Systems Roadmap 2007—2032 [R]. Office of the Secretary of Defense，USA，2007.

[13] FAA. UAS Accident and Incident Preliminary Reports [R]. ASIAS，2014.

[14] Nullmeryer R T，Herz R，Montijo G A. Training interventions to reduce air force Predator mishaps，Proceedings of the 15th International Symposium on Aviation Psychology [C]. Dayton，OH，USA，27 - 30，April 2009.

[15] Nullmeryer R T，Herz R，Montijo G A，et al. Birds of prey：training solutions to human factors issues，Proceedings of the Interserive/Industry Training，Simulation，and Education Conference (I/ITSEC)[C]. Dayton，OH，USA，2 - 6，December 2007.

3 基于层级反馈的大型无人机系统事故分析方法

大型无人机的运行风险大、事故损失成本高，其系统安全性是本书所关注的主要对象。对大型无人机系统的事故分析应全面涵盖其"研制—维护—运行"过程中的组织、人员和技术系统等多层级中的事故致因，然而传统的基于"事件链"模型存在不足。本章提出了一种基于反馈过程的无人机系统事故分析方法框架（FPUAA），并应用该方法对一个典型的民用无人机系统的事故案例进行了分析。

3.1 基于层级反馈的无人机系统事故分析方法框架

3.1.1 基于层级反馈的无人机系统事故分析理论

建立能概括无人机系统安全性相关因素的事故分析方法应针对无人机系统的特点并扩充分析方法所能涉及的深度，为达到这一目标应对目前现有的事故分析方法的特征和存在的问题有全面的认识。

（1）"事件链"事故模型基于的假设是由"链式结构"所表述的组织漏洞、人为错误、设计缺陷等，通过对其分类归纳导出预防措施，其因素分析过程程式化（如学者 Reason 提出的瑞士奶酪模型），停留于表面现象分类，对事故的演化过程关注不足，难以发现具体案例中可能出现的新特征，尤其是对组织行为对个人影响的分析深度不足从而遗漏两者由于反馈过程所导致的动态变化的风险因素[1-2]。

（2）在"事件链"基本假设下衍生出来的基于概率的故障分析工具如 FTA 等适用于基于物理失效的系统可靠性分析及系统设计，依赖于可通过测试建立的基础元器件可靠性数据库支持，无法有效分析物理系统功能紊乱（如设计中安全性需求不完整）、组织缺陷（如操作规范缺陷）、人为错误（如技能不足）等非失效类的现代复杂系统风险因素[3-5]。

（3）20 世纪 90 年代由学者 Rasmussen 等提出的"层级化组织关系模型"虽然开始考虑具体的事故演化过程并以"指令—反馈"的基本回路思想表述不同层级间组织元素行为的相互作用关系，但其仅停留在了围绕视图化的事故分析中，且事故多为职业安全性和公共安全类事故[6-7]。

（4）2004 年后由学者 Leveson 提出的 STAMP/STPA 方法基于一个基本假设："社会—技术系统"事故是由于不充分的控制行为（inadequate control action，ICA）导致安全性约束被违反后产生的不利后果。在此认识的基础上，将 ICA 分为以下 4 种类型并提出了导致不充分的控制行为发生的 4 类原因（causal factor，CF）。然而，STAMP/STPA 方法为了建立广泛的"系统化的安全性思想（systems thinking on safety）"，所提出的 ICA 和 CF 概念过于粗糙，在实际应用时由于深度不足仍易表现出和 HFACS 等方法类似的表面化问题，这一缺点已被一些学者指出[8-10]。

基于"系统安全性是控制问题"的基本认识，结合无人机系统的特征，可形成基于"反馈过程"的无人机系统事故分析方法（feedback process-based UAS accident analysis，FPUAA）。该方法通过对"研制—维护—运行"过程的中存在的"反馈过程"进行分析，辨识导致系统安全性这一"浮现属性"的潜在的事故场景，相关的反馈过程原理如图 3.1 所示。

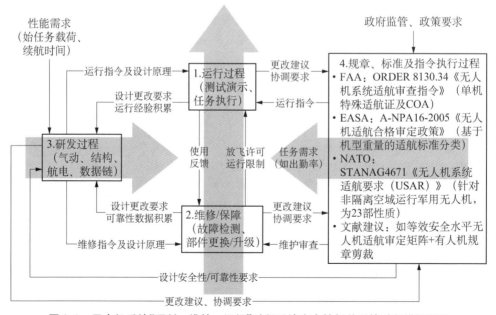

图 3.1　无人机系统"研制—维护—运行"过程系统安全性相关反馈过程辨识原理

FPUAA方法对事故风险因素的辨识基础是描述无人机系统"研制—维护—运行"过程的安全性控制结构(SCS),其包含了5个要素。

(1) 受控过程(CP):技术系统依照其工程原理和设计功能进行工作的过程(如无人机的运行过程中的相关飞行阶段);组织系统依照其职业、部门划分执行其预定任务的过程(如监管单位向无人机系统运行单位发布空域限制指令)。如图3.1所示,无人机人机安全性系统所涉及的主要是4个基础性"受控过程":

　　a. 运行过程(主线)。

　　b. 维修、保障过程(支持1)。

　　c. 研制过程(支持2)。

　　d. 规章、标准及指令施行过程(支持3)。

(2) 控制者职责:包含组织性的安全性责任(如监督职责);技术性的控制目标(如基于平均故障间隔的维修任务)。

(3) 控制行为(CA):履行安全性责任或达成控制目标所需的行为。如组织性的维护指令的发布;技术性的操纵指令的输出。

(4) 反馈信息(FFI):为达成控制者职责,确保控制行为的安全性所需要的信息支持。如组织性的资金使用状况;技术性的人机操作界面/故障告警提示等。

(5) 过程模型(PM):控制行为产生、改变、停止所遵从的机理,如图3.2所示。如组织性控制行为"将测试尚未完成的无人机系统投入实战"是"迫切的战斗力要求"及"运行数据积累不足"的共同作用的结果。如技术性控制行为"飞行员选择切换控制台来应对地面站控制台死机"是"运行流程要求"及"个人先期使用经验"共同作用的结果。对于过程模型的建模方法不是唯一的,在本书中,过程模型是形成"无人机系统安全性动力学模型"的基础单元。

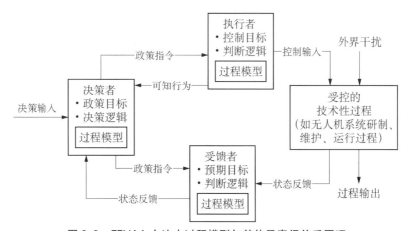

图3.2　FPUAA方法中过程模型与其他元素间关系原理

FPUAA 方法基于"反馈过程"的概念提出,组织、个人及物理系统所发出的控制行为是否会产生导致事故的风险,是看其控制行为的需求是否得到了满足。据此,本书提出"控制行为需求(RCA)"的概念,在反馈层级上包含了组织、人为因素和技术系统,在各层级内区分了控制目标、算法和接口关系,其相关项目如表 3.1 所示。

表 3.1　反馈过程中控制行为需求(RCA)基本分类

控制行为需求分类	组织	人为因素	技术系统
RCA - 1 控制目标	[O1]达成安全性目标/作出安全性决策所需的权力和责任 ● 安全性指标 ● 安全性责任	[I1]所需要达到的控制目标(依据规章、标准等) ● 设计指标 ● 维护要求(如流程/手册) ● 运行要求(如简报/手册) ● 目标优先级	[TS1]所应达到的设置值或指标精度 ● 工作时间 ● 工作范围 ● 可靠性(如 MTBF)
RCA - 2 控制算法	[O2.1]组织架构、运作机制的设立(如沟通/反馈渠道) ● 安全性部门 ● 传达、报告系统 ● 会议制度 ● 奖惩制度	[I2.1]行为执行过程 ● 准确性(如时机、精度) ● 完整性(如无遗漏)	
	[O2.2]资源的分配 ● 人力 ● 时间(进度) ● 设备 ● 资金 ● 技术支持(如研制、技术改进)	[I2.2]受控过程的模型 ● 行为结果预判(心理模型) ● 过程边界 ● 历史过程 ● 外界影响因素	[TS2]功能原理:控制算法(软件)、机电原理(硬件) ● 准确性(如精度) ● 完整性(如无缺失)
	[O2.3]学习机制 ● 培训程序与评估 ● 事故调查与改进 ● 规章、标准解读 ● 安全性共识	[I2.3]组织的模型 ● 个人安全性职责 ● 协作关系 ● 支持来源	
RCA - 3 接口关系	[O3]与其他组织的交互规则 ● 规章制定者 ● 运行管理者 ● 协作承包商	[I3]与其他组织成员间的交互规则(如决策者、执行者) ● 协作心态 ● 责任重叠/间隙 ● 目标独立性	[TS3]系统内部与多子系统之间交互关系 ● 隔离 ● 冗余 ● 降级

RCA 分析框架的提出,对于无人机系统事故的分析具有两方面指导作用:

(1) 无人机系统"研制—维护—运行"过程安全性控制结构的辨识。

(2) 反馈过程中危险的控制行为和有缺陷的反馈信息产生的原因辨识。

分析 RCA 未被满足的原因,是 FPUAA 方法的核心工作,这是本章针对无人机系统特征,应用 STAMP/STPA 方法在分析深度上的拓展,这可为第 4 章构建无人机系统安全性动力学模型提供风险辨识的理论基础。

3.1.2　基于层级反馈的无人机系统事故分析框架与步骤

FPUAA 事故分析方法围绕涵盖无人机系统"研制—维护—运行"过程的安全性控制结构,辨识各层级中的危险的控制行为和有缺陷的反馈信息,分析导致控制行为需求未被满足的原因,其基本步骤如图 3.3 所示。

FPUAA 事故分析方法首先辨识与无人机事故相关的"社会—技术系统"的构成,信息来源是事故报告。其次是辨识与事故相关的顶层危害和安全性约束,根据无人机事故报告中梳理的近因事件,建立与事故相关的无人机系统安全性控制结构(通常情况下,事故多偏重于运行过程),在辨识出安全性控制结构后,其中组织、技术层级中均存在"危险的控制行为(HCA)"和"有缺陷的反馈信息(FFI)",因其导致了 RCA 的不被满足,使顶层安全性约束被违反从而导致了事故。在辨识出"未被满足的控制行为需求(URCA)"后,据此提出预防性策略和安全性改进措施。

其中,表征事故相关的反馈过程的安全性控制结构的正确、完整辨识是达到这一目的的关键性步骤。

参考 STAMP/STPA 方法,在 FPUAA 方法中,将 HCA 分为以下 4 种类型。

(1) HCA.1:未提供需要的控制行为。

(2) HCA.2:发出了错误或不安全的控制行为。

(3) HCA.3:发出控制行为的时序不当(即过早或过晚)。

(4) HCA.4:控制行为持续时间过长或终止过早。

将 FFI 分为以下 4 种类型。

(1) FFI.1:遗漏必要的反馈信息。

(2) FFI.2:反馈信息错误或不清晰。

(3) FFI.3:收到反馈信息过晚(如存在延迟)。

(4) FFI.4:反馈信息终止过早。

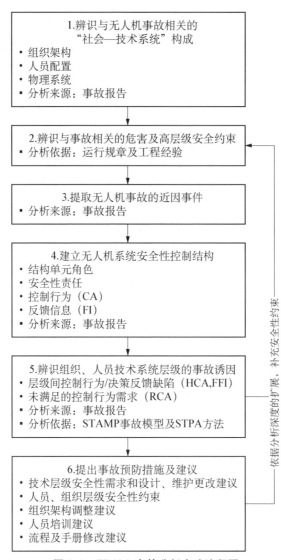

图 3.3　FPUAA 事故分析方法流程图

3.2　基于典型无人机事故的应用案例

本节中选择了 2006 年 4 月 25 日受雇于美国国土安全部海关与边境巡逻队（US Customs and Border Protection，CBP）的"捕食者"B 无人机系统（MQ‐1 的衍生型号 MQ‐9）发生的一起 A 类灾难性事故对 FPUAA 方法进行应用示例。选择该案例的理由如下。

（1）事故无人机系统的任务规划和运行监督隶属于民用单位CBP且从事民用性质的海岸边境巡查任务（由美国空军委托CBP执行），事故发生地点在美国亚利桑那州诺格拉斯市，故由美国国家运输安全委员会（NTSB）进行了调查，依照NTSB惯例，事故报告面向社会的公开披露完整，是目前能公开查阅到的最详尽的无人机事故报告[11]。

（2）事故无人机由承包商通用原子能公司（General Atomics Aeronautical Systems Inc.，GA‑ASI，同时也是无人机制造商）实际执飞，暴露出了对现代复杂社会—技术系统运行中由于承包商参与所新增的风险因素，对于展示本方法的适用范围具有价值。

（3）事故发生之前的无人机运行获得了FAA发布的在国家空域系统（NAS）中运行的授权书（certificate of authorization，COA），许可名义上尚未满足FAA民用无人机安全性规章的无人机进入NAS（FAA尚无正式的适航规章），是目前有代表性的民用无人机系统运行状态，其事故分析结果具有参考价值。

3.2.1　无人机系统事故过程辨识

本次事故发生在美国山地时间3点50分。事故发生前事故机（简称MA）在夜间目视气象条件状态下飞行，仪表飞行规则已激活，且处于临时飞行限制空域（temporary restricted airspace，TFR）中，其机组配置情况如下：

（1）3名具备资质的GA‑ASI飞行员（MCE飞行员实行多人轮换制，事故飞行员简称MP，其预定在机为4月24日19点到25日5点，24日21点到25日3点临时由另一名飞行员替代），使用PPO‑1控制台进行飞行。

（2）一名CBP人员使用PPO‑2操纵台负责机载摄像头的操纵。

（3）一名具备资质的GA‑ASI航电技师（Avionics Technician，AT）。

（4）一名具备资质的GA‑ASI机载设备操作员（负责指导摄像头操纵人员）。

事故中涉及的COA颁发所依据的理由是：公共机构所从事的活动虽然不能满足相关规章（FAA无民用无人机审定要求），但是其所可能获得的国家、公共利益（提高国家安保水平）超过其可能为国家空域系统带来的风险。在COA的应用过程中，FAA为豁免申请方（CBP）划定隔离空域，避免与其他飞机发生空域冲突，避免空中相撞事故的发生。在本次事故中，事故无人机隶属于CBP财产，由于CBP不具备无人机系统运行能力，将实际飞行任务外包给

GA‐ASI 执行,由 GA‐ASI 提供飞行员、载荷操纵员、系统技师及教员等;并由美国防务外包管理处(Defense Contract Management Agency,DCMA)向空军及 CBP 派出政府委任代表(GFR)监管承包商飞行员资质审批工作。依据 NTSB 的调查报告,本书对本次事故发生过程进行了梳理并总结出相关无人机系统、人员状态和组织监管措施及背景,作为 FPUAA 分析的基础(见附录 A.1)。

3.2.2 顶层危险、约束及无人机系统安全性控制结构构建

FPUAA 方法的初始步骤包括了对无人机系统运行的基本事故、顶层危险以及相关顶层安全性约束的辨识。其中顶层安全性约束,是建立防止危险(即事故)发生的工程或组织管理手段的基本指导。此辨识结果对于现役无人机系统是通用的,如表 3.2 所示。

表 3.2　无人机系统运行基本事故、顶层危险及顶层安全性约束

编　号	基本事故(A)/ 顶层危险(H‐H)	编　号	顶层安全性约束(H‐SC)
[A.1]	无人机坠毁导致机体、设备损失		
[A.2]	无人机坠毁导致地面人员及财产损伤		见下
[A.3]	无人机与其他飞行器空中相撞导致后者损伤甚至坠毁		
[H‐H.1]	无人机失控	[H‐SC.1]	无人机飞行全过程应一直处于可控状态(手动或自动模式)
		[H‐SC.2]	无人机失控后应被立即判明并执行预定应急流程
[H‐H.2]	无人机飞行控制能力降级导致飞行困难(如高度、速度、姿态不能保持)	[H‐SC.3]	无人机的飞行控制能力降级不能妨碍飞行员操纵而诱使无人机失控
[H‐H.3]	人为错误导致无人机可控撞地	[H‐SC.4]	飞行员应避免发出不正确指令使无人机进入危险状态(如失速、高度不足、通信失联)
[H‐H.4]	无人机坠毁在人口密集区域	[H‐SC.4]	无人机不能坠落于有人区域

（续表）

编　号	基本事故（A）/ 顶层危险（H-H）	编　号	顶层安全性约束（H-SC）
[H-H.5]	无人机飞行时未与其他飞行器隔离而发生空中碰撞	[H-SC.5]	无人机应与其他飞行器保持规定的水平和垂直间隔
		[H-SC.6]	无人机失控后应立即重新确定隔离区并通知空域中其他飞行器的监管单位
[H-H.6]	无人机飞行过程中无法被实时定位	[H-SC.7]	无人机的位置和飞行轨迹应全程可知

基于附录 A.1 提供的本案例事故无人机"研制—维护—运行"过程的构成信息，建立该事故的以运行过程为主体的系统安全性控制结构，如图 3.4 和图 3.5 所示。

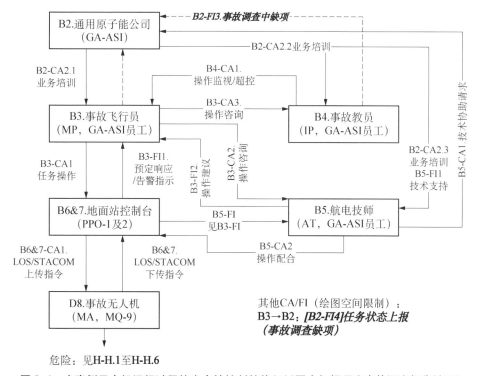

图 3.4　本案例无人机运行过程的安全性控制结构(1)(图中加粗项为事故调查报告缺项)

在该安全性控制结构中分为"事故 UAS 监管过程相关成员"和"事故 UAS

运行过程相关成员"两类,分别用 A 和 B 编号。在本 FPUAA 方法中,系统成员之间的反馈过程通过控制行为 CA 和反馈信息 FI 两个组成部分进行标号表达:编号中的数字是由 CA 和 FI 发生的先后顺序决定的。例如"B2 - FI1.已审核的培训大纲及培训记录"意为"通用原子能公司(B2)"从"驻美国空军政府委任代表处(B4)"获得的位于第一顺序的反馈信息 FI1:审批后的人员培训大纲及培训记录。在以上编号规则中,如 CA 或 FI 的产生时间相同,则采用二级编号,B2 - CA2.1、2.2、2.3 分别代表通用原子能公司同时发出的 3 项控制行为。

3.2.3 危险的控制行为和有缺陷的反馈信息辨识

依据 3.1.1 节中所述,本次事故相关的 4 个受控过程的辨识结果如下文所述。为了便于表述,本节将受控过程之四"规范、标准及指令施行过程"划入了相关的其他 3 类过程的相关位置中。以下辨识结果后括所注的是 HCA 和 FFI 所基于的图 3.4 和图 3.5 中的基础控制行为(CA)和反馈信息(FI)。

1) 研制过程

涉及的主要控制者/受控者包括:A1,A2,B2。

A1.美国国会

[A1 - HCA1]空军"捕食者"UAS 采购经费不足([A1 - CA1])

[A1 - FFI1]"捕食者"UAS 地面站 PPO 运行可靠性数据缺乏([A1 - FI1])

A2.美国国防部及空军

[A2 - HCA1.1]研制技术要求中无地面站 PPO 可靠性要求([A2 - CA1],[A2 - CA2])

[A2 - HCA1.2]研制要求中对"捕食者"无人机发动机自动点火功能未做安全性分析要求([A2 - CA1],[A2 - CA2])

B2.通用原子能公司(GA - ASI)

[B2 - HCA1.1]未提供地面站 PPO 可靠性水平测试及分析证据([B2 - CA1])

[B2 - HCA1.2]未提供"捕食者"无人机发动机自动点火功能安全性测试及分析证据([B2 - CA1])

2) 运行过程

涉及的主要控制者/受控者包括:A2 至 A7,B1 至 B8,B10

A2.美国国防部及空军

[A2 - HCA1.3]提供给 DCMA 用于业务培训的经费不足([A2 - CA1])

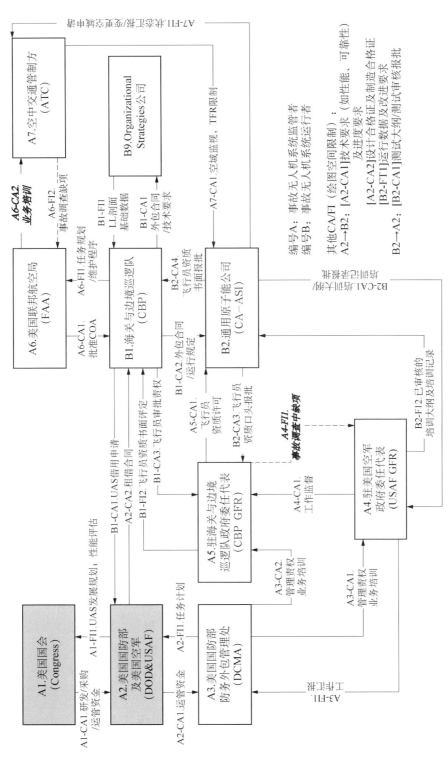

图 3.5 本案例无人机运行过程的安全性控制结构(2)(图中加粗项为事故调查报告缺项)

[A2-FFI1]无 CBP GFR 培训计划([A2-FI1])

A3.美国国防部防务外包管理处(DCMA)

[A3-HCA2]未对 CBP GFR 建立基于培训状态的管理职权限制([A3-CA2])

[A3-FFI1]缺乏 CBP GFR 的培训状态的监控([A3-FI1],[A3-FI2])

A4.驻美国空军政府委任代表(USAF GFR)

[A4-HCA1]未对 CBP GFR 的控制行为进行监督([A4-CA1])

[A4-FFI1]对 CBP GFR 的培训状态不了解([A4-FI1],此因素在 NTSB 调查中不存在,为缺项)

A5.驻海关与边境巡逻队政府委任代表(CBP GFR)

[A5-HCA2]向 GA-ASI 发布了口头的飞行员资质豁免([A5-CA1])

A6.美国联邦航空局(FAA)

[A6-HCA2.1]COA 中对"捕食者"UAS 地面站 PPO 的可靠性要求仅需适航自审查(airworthiness self-certify)([A6-CA1])

[A6-HCA2.2]COA 中对"捕食者"UAS 发动机点火功能安全性要求仅需适航自审查(airworthiness self-certify)([A6-CA1])

[A6-FFI1]缺乏 ATC 在日常任务中的状态报告及 COA 建立框架的修改建议([A6-FI2],此因素在 NTSB 调查中不存在,为缺项)

A7.空中交通管制方(ATC)

无 HCA 和 FFI

B1.海关与边境巡逻队(CBP)

[B1-HCA1.1]未在运行规定中对"捕食者"UAS 地面站 PPO 可靠性水平提出监测要求([B1-CA2])

[B1-FFI1]执行任务前未收到飞行员资质书面审批申请([B1-FI2])

B2.通用原子能公司(GA-ASI)

[B2-HCA1.3]执行任务前未申请飞行员培训记录审批([B2-CA1])

[B2-HCA1.4]飞行员的技术培训未完成,且缺乏针对"捕食者"UAS 的 A 和 B 型在 PPO 切换流程差异的专项内容([B2-CA2.1])

[B2-HCA1.5]执行任务前未提交飞行员资质的书面报批申请([B2-CA4])

[B2-HCA1.6]未明确任务中事故教员的现场监视职责([B2-CA2.2])

[B2-HCA2]执行任务前提交了飞行员资质的口头报批申请([B2-

CA3])

[B2－FFI1.2]无空军 GFR 审批后的培训记录([B－FI2])

[B2－FFI1.2]无教员上报的任务状态([B2－FI3],此因素在 NTSB 调查中不存在,为缺项)

[B2－FFI1.3]无飞行员上报的任务状态([B2－FI4],此因素在 NTSB 调查中不存在,为缺项)

B3. 事故飞行员(MP)

[B3－HCA1.1]起飞前未对 LL 剖面设置进行更新([B3－CA1])

[B3－HCA1.2]未使用"PPO 切换检查清单"直接将控制台从 PPO1 切换到 PPO2([B3－CA1])

[B3－HCA2]盲目关闭卫星通信终端(GDT)试图迫使 MA 开始应急任务([B3－CA1])

[B3－HCA3]PPO 切换及 GDT 操作行为未向事故教员作咨询([B3－CA3])

[B3－FFI1]PPO 控制台出现屏幕黑屏(共因故障,PPO 切换后仍不能消除)([B3－FI1])

[B3－FFI2]航电技师建议关闭卫星通信终端(GDT)迫使 MA 开始应急任务([B3－FI2])

B4. 事故教员(IP)

[B4－HCA3]飞行员操作监督及超控行为过晚(GDT 已经被 MP 关闭)([B4－CA1])

B5. 事故航电技师(AT)

[B5－HCA1]见[B3－HCA2]([B5－CA2])

[B5－FFI1]见[B3－FFI1]([B5－FI2])

B6&7 地面控制站(PPO－1 及 2)

[B6&7－CA1]地面站向无人机的 LOS 上传链路无法建立(由于应急任务执行失败,LL 剖面不能维持)([B6&7－CA1])

[B6&7－FI1]无人机的 LOS 下传链路无法建立(由于应急任务执行失败,LL 剖面不能维持)([B6&7－FI1])

B8. 事故无人机(MA)

[B8－HCA1.1]PPO 切换导致发动机供油切断停车,推力完全丧失([B8－CA1])

［B8－HCA1.2］发动机不能重新点火（推力丧失，系统为节省电力关闭了STACOM 通信，自动点火功能失效）（［B8－CA1］）

［B8－HCA2］无人机关闭 STACOM 通信（推力丧失情况下节省电力）（［B8－CA2］）

［B8－FFI1］触地冲击导致无人机完全解体（不能维持飞行）（［B8－FI1］）

3）维护/保障过程

涉及的主要控制者/受控者包括：A6，B1，B2，B5 及 B9

A6.美国联邦航空局（FAA）

［A6－FFI1］缺乏 CBP 所运行的无人机的维护程序、维护记录上报（［A6－FI1］）

B1.海关与边境巡逻队（CBP）

［B1－HCA1.2］未对 Lost link 剖面的卫星地图数据提出"时效性"要求（［B1－CA3］）

B2.通用原子能公司（GA－ASI）

［B2－HCA1.3］在针对航电技师的业务培训中未明确对 PPO 故障的报告机制（［B2－CA2.3］）

B5.事故航电技师（AT）

［B5－HCA1］　PPO 锁死故障记录未上报/申请系统改进方案（［B5－CA1］）

［B5－FFI1］针对 PPO 锁死故障未提供系统性改进方案（［B5－FI1］）

B9. Organizational Strategies 公司

［B9－HCA2］提供给 CBP 的 LL 剖面的卫星地图数据已过期（［B1－FI1］）

3.2.4　事故致因辨识

基于表 3.1 中所提出的"控制行为需求（RCA）"的分类概念，本节对事故后致因的辨识进行归类，结果如表 3.3 所示，突出包含了以下内容。

（1）在无人机系统设计时未考虑基本人为因素。

a. 控制台的备份设计未增设告警、自锁功能以防止在机组对系统工作模式意识混乱下产生错误输出。

b. 未设计必要的电子检查清单，自动监控防止过高、低工作负荷下的差错（如本例中，飞行员遗忘对 LL 剖面的高度设置进行更新）。

（2）系统可靠性分析：发动机自动点火功能存在单点失效，可靠性分析未预先辨识该灾难性风险。

（3）组织影响因素。

a. CBP 在维护监管上存在自满：对于地面站锁死故障未能及时分析原因提出解决措施，且系统备件不足，使无人机很长时间处于风险下运行。

b. 对驾驶员资质的审定违背空军 GFR 条例，CBP GFR 的培训尚未完成，GA－ASI 通过 GFR 获得了口头批准，但是同时要求飞行员应有专职教员进行操作指导、监视，但 GFR 未能对附加条件实际状态进行监管。

c. GA－ASI 为飞行员提供的培训尚未完成，综上可见组织中普遍存在的自满文化。

d. DCMA 存在对于许可、监管飞行员的责任划分不明确的缺陷，如许可未培训完成的 GFR 为未培训完成的飞行员豁免资质审定。

表 3.3　本案例中辨识的"未被满足的控制行为需求（URCA）"

组织	HCA/FFI	人员	HCA/FFI	技术	HCA/FFI
O1	管理职权分配： [A3－HCA2] [A4－HCA1] [B2－HCA1.6]	I1	1. PPO 可靠性： [A1－FFI1] [A2－HCA1.1] [B2－HCA1.1] [A6－HCA2.1] 2. 发动机点火功能安全性： [A2－HCA1.2] [A6－HCA2.2]	TS1	1. LOS 工作距离：[B6&7－CA1][B6&7－FI1] 2. 油门位置设置：[B8－HCA1.1] 3. 触地冲击：[B8－FFI1]
O2.1	1. 飞行员资质申请：[B1－FFI1] [B2－HCA1.3] [B2－HCA1.5] [B2－HCA2] 2. 报告系统： [B2－HCA1.1] [B2－HCA1.2] **[A6－FFI1]** **[B2－FFI1.2]** **[B2－FFI1.3]**	I2.1	LL 剖面设置： [B3－HCA1.1]		

（续表）

组织	HCA/FFI	人员	HCA/FFI	技术	HCA/FFI
O2.2	1. UAS 采购经费：[A1 - HCA1] 2. 人员培训经费：[A2 - HCA1.3]	I2.2	1. PPO 切换：[B3 - HCA1.2] 2. GDT 关闭：[B3 - HCA2] [B3 - FFI2] [B5 - HCA1] 3. CBP GFR 口头豁免：[A5 - HCA2]	TS2	1. PPO 锁死：[B3 - FFI1] [B5 - FFI1] 2. 发动机点火功能失效：[B8 - HCA1.2]
O2.3	1. 培训计划：[A2 - FFI1] [B2 - HCA1.4] [B2 - HCA1.3] 2. 培训监督：[A3 - FFI1] **[A4 - FFI1]** [B2 - FFI1] 3. 培训执行：[B2 - HCA1.4]	I2.3	1. 地面站操作监督：[B3 - HCA3] 2. 地面站维护职责：[B5 - HCA1] [B5 - FFI1]		
O3	1. PPO 可靠性：[B1 - HCA1.1] 2. 承包商数据：[B1 - HCA1.2] [B9 - HCA2]	I3	教员协作：[B4 - HCA1]	TS3	STACOM 通信屏蔽：[B8 - HCA2]

注：图中加粗项为本 FPUAA 方法相对于 NTSB 事故调查报告[11]的新增项目。

3.3　基于典型无人机事故的应用效果对比

本节基于表 3.3 辨识结果与传统 HFACS 分析方法进行对比，使得 FPUAA 方法相对于基于传统事故链的事故模型方法在系统性因素辨识上的改进更为直观。例如，学者 Carrigan 等人依据 HFACS 的 4 类基本分类框架，对上述事故开展的致因辨识如表 3.4 所示。

表 3.4　Carrigan 对本案例无人机事故的 HFACS 辨识结果[12]

HFACS 分类	辨　识　结　果
1. 组织影响	1.1　CBP 在地面站的维护计划上失于组织监督 1.2　GA－ASI 在飞行员的培训项目中缺乏模拟器培训,不能演练无人机的应急场景,在人员准备上存在不足
2. 行为监督	2.1　CBP 对于 GA－ASI 飞行员资质发布的豁免是非标准行为
3. 行为前提	3.1　事故飞行员在任务准备时未对 LL 剖面高度进行更新设置 3.2　发动机自动点火功能由卫星通信信号控制这一设计存在安全性风险
4. 危险行为	4.1　事故飞行员在切换 PPO 时未依照流程执行 4.2　事故航电技师未协助事故飞行员执行检查流程

由于上述辨识结果主要涉及人为因素、组织相关因素,因此仅以 FPUAA 方法中该部分辨识结果进行对比。

(1)基于 HFACS 方法的辨识结果中组织层级的影响停留在组织或个人行为执行错误这一层级上(如维护计划失于监督,飞行人员资质发布豁免行为),而未进一步对监督缺乏所产生的深层次原因做分析,而通过 FPUAA 方法分析可以得出,导致组织或个人行为的原因是其缺乏明确的管理职权的分配(RCA－O1),例如防务外包管理处未对驻海关与边境巡逻队政府委任代表建立基于培训状态的管理职权限制([A3－HCA2])。

(2)上述文献辨识结果中将"未设置 LL 剖面高度"作为导致飞行员行产生危险行为的前提,这样的辨识存在不当;然而 FPUAA 方法,在人员因素辨识层面内,将其视为飞行员未能正确执行流程所要求的行为,这应该归为行为执行过程的缺陷(RCA－I2.1)。这一差异表明,在应用 HFACS 方法时,因为其框架定义的表面性,导致在研究过程中易产生因素归类不当的问题,尤其是将一些原本属于基础层级的因素错误上升为更高的层级,试图体现分析结果的"所谓系统性"。

(3)上述文献辨识结果中技术系统因素的辨识混淆在了人为因素辨识的框架中,如"发动机自动点火功能由 SATCOM 信号控制这一设计存在安全性风险",这同样表明了研究者在试图显示结果的"所谓系统性"。基于学者 Carrigan 等的辨识结果,为了便于引述 HFACS 的分析过程,本节采用分析技术系统事故常用的"事件树(ET)"逻辑,结合事故发生的时间轴,展示关键的 HFACS 辨识结果,如图 3.6 所示。从该图可以看到,基于 HFACS 的辨识结果主要散布在了

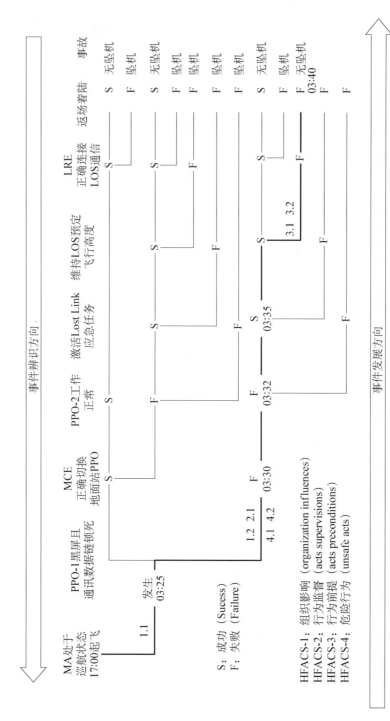

图 3.6 基于事件树方法表述的本案例无人机事故 HFACS 辨识结果

单一的"事件链"中,而这一条时间链所展示的基本环节都是人员和技术系统本身的通过事故才暴露出的因素,这样的事故分析只能转换为预防已知的、局部的系统安全性改进措施。

本节所提出 FPUAA 方法所辨识的结果所基于的是无人机"研制—维护—运行"过程安全性控制结构中的反馈过程,其所暴露的因素是以"社会—技术系统"成员的 HCA 和 FFI 为单元的,这是通过区别控制行为未提供(HCA.1)、错误或不安全(HCA.2)、时序错误(HCA.3)等更深入的以为满足"控制行为需求"为准则的因素分类,例如对于事故飞行员的培训这一行为可以区分出培训计划、培训监督和培训执行等系统性层面的风险因素的差异和各自影响。此外,通过对行为发生先后顺序的辨识,能对事故调查中所具有的可能揭示的系统动态行为的演化过程进行利用。尤为重要的是,FPUAA 方法能够辨识出的 HCA 和 FFI 在事故报告中往往未提及但又十分重要,如图 3.4 中的[B2 - FI3]等,即 NTSB 忽视了对通用原子能公司是否具备对在任务执行过程中出现故障症候时飞行员向上级组织汇报的报告制度和流程规定的相关因素调查。这一被忽略的因素是十分重要的,因为如果飞行员能够得到上级组织的正确指导而并不是盲目依照个人判断而选择切断上传数链迫使无人机执行应急任务,可能会避免灾难性事故。因此在未来的事故分析中,如利用 FPUAA 方法事先建立安全性控制结构,能对事故调查提供顶层指导,从而使事故调查所涵盖的因素更具有完整性。

面对基于"事件链"的传统事故模型和风险分析方法不能有效描述组织和人为因素对无人机系统事故的影响的现状,本章提出了基于反馈过程的无人机系统事故分析方法(FPUAA),本方法相对于基于"事件链"的事故分析方法的提升体现在如下 3 点。

(1) 提出了"控制行为需求(RCA)"这一具有明确分类标准的事故致因分析框架:分为控制目标、控制算法和接口关系 3 个方面,减少了传统方法因素归类中所存在的因素划分的模糊性。

(2) 在危险的控制行为(HCA)和有缺陷的反馈信息(FFI)的辨识中考虑了其产生的时间先后顺序,从而暴露出用传统事故分析方法易忽略的事故致因的产生与发展过程,从而充分利用事故调查报告所提供的信息。

(3) 通过 HCA/FFI 辨识可发现事故调查报告所忽视或未涉及的重要因素,本模型中安全性控制结构(SCS)的辨识可以作为规划事故调查的指导。

3.4 本章小结

面对基于"事件链"的传统事故模型和风险分析方法不能有效描述组织和人为因素对无人机系统事故的影响的现状,本章提出了基于反馈过程的无人机系统事故分析方法(FPUAA),该模型以描述无人机系统"研制—维护—运行"过程中与系统安全性相关的组织、人员和技术系统构成的反馈过程为核心,首先辨识导致无人机系统事故的顶层危险及安全性约束,建立以受控过程、控制者职责、控制性行为、反馈信息、过程模型组成的层级化的安全性控制结构,最终支持对"未被满足的控制行为需求(URCA)"的辨识,分析导致无人机系统事故的致因,并与传统的"人为因素分析和分类系统(HFACS)"方法分析结果进行了对比。

本章构建了基于"层级化反馈回路"思想研究无人机系统安全性问题的基本视野,为本书第 4 章至第 6 章中无人机系统安全性动力学概念模型及量化仿真提供了理论基础。

参|考|文|献 ••

[1] Wiegmann D A, Shappell S A. A Human Error Approach to Aviation Accident Analysis: The Human Factors Analysis and Classification System [M]. Burlington: Ashgate, 2003: 45 - 56.

[2] Reason J. Human Error [M]. Cambridge: Cambridge University Press, 1990.

[3] Clifton E. Fault tree analysis-a history, Proceedings of the 17th International Systems Safety Conference [C]. Orlando, FL,: 1 - 9,1999.

[4] Henley E, Kumamoto H. Probabilistic Risk Assessment and Management for Engineers and Scientists [M]. New York: IEEE Press, 1996.

[5] Tyler B, Crawley F, Preston M L. HAZOP: Guide to Best Practice Second et, [M]. Rugby: I ChemE, 2008.

[6] Rasmussen J. Risk Management in a Dynamic Society: A Modelling Problem [J]. Safety Science, 1997: (27),183 - 213.

[7] Svedung I, Rasmussen J. Graphic Representation of Accident Scenarios: Mapping System Structure and the Casusation of Accidents [J]. Safety Science, 2002,40(5): 397 - 417.

[8] Leveson N G. Engineering a Safer World [M]. Cambridge: MIT Press, 2012.

[9] Thornberry C L. Extending the Human-Controller Methodology in Systems-Theoretic Process Analysis [D]. Master Thesis, Aeronautics and Astronautics, Cambndge: MIT,

June 2014.

[10] Lu Y, Zhang S, Tang P, et al. STAMP-based Safety Control Approach for Flight Testing of a Low-cost Unmanned Subscale Blended-wing-body Demonstrator [J]. Safety Science, 2015(74): 102 - 113.

[11] NTSB. Aircraft Accident Report: Predator B OMMAHA 10, Libby Army Airfield, Arizona, 24 April 2006 [R]. Report No. : NTSB-AAR-CHI06MA121, Washington: NTSB, 2007.

[12] Carrigan G, Long D, Cummings M L, et al. Human Factors Analysis of Predator B Crash [R]. MIT Humans and Automation Lab Report, 2009.

4 无人机系统安全性动力学因果概念建模

大量的事故已经表明,单纯研究物理系统的失效和独立的人为因素问题已经不足以预防现代复杂系统的事故,处于系统研制、运行过程上层的组织结构和组织行为,奠定了人为因素、物理系统安全性基础[1]。在无人机系统全寿命周期内的"研制—维护—运行"活动中普遍存在对系统安全性造成影响的因素。传统的系统安全性分析手段未能有效涵盖除技术系统失效率以外的风险因素,因其对人因、组织等采用的基于失效率的描述方法缺乏基础数据,此类风险分析手段在研究无人机系统安全性的风险机理上存在局限性。

为突破该局限,本书提出解释无人机系统事故率形成机理应从分析组织、个人以及技术系统内及彼此之间的动态反馈过程入手。以第3章提出的基于反馈过程的FPUAA方法为基础,引入系统动力学方法(system dynamics)对无人机系统安全性相关风险因素的反馈过程进行建模,构建"通用的无人机系统安全性动力学"模型。

4.1 复杂系统安全性动力学建模原理

基于"社会—技术系统"视野,无人机系统是否具备满足安全性要求的能力是受诸多内外风险因素的影响的。在传统的以"事件链"为基础的风险分析方法中,达成目标的系统安全性水平,其基础是"概率论"视野下的影响系统安全性的潜在风险因素关系的量化,其存在的显著缺陷有如下3方面。

(1)理论基础:风险分析框架的基础是事故链模型,因素之间的反馈作用关系被考虑得较少,且主要针对技术系统失效。

(2)分析结果:因素辨识结果是静态的,其不确定性用概率来表达不能反映系统的动态变化。

（3）预防指导：衍生的事故预防措施针对"现象消除"，缺乏系统性，其影响效果往往是"近期性"的，尤其是对于改进措施可能取得的效果难以评估，这使得事故分析的结果停留于纸面。

针对上述传统方法的缺陷，本章基于无人机系统安全性相关动态反馈过程，以"控制行为需求（RCA）"作为风险辨识的依据，提出通用的无人机系统安全性动力学的建模框架。该方法相对于传统方法的提升体现在以下 3 个方面。

（1）理论基础：风险分析的理论基础是反馈过程，过程内部及过程之间的相互作用得到考虑，涵盖了组织、人员、技术三方面因素。

（2）分析结果：因素辨识的结果是风险因素及其所构成的反馈回路（构成系统安全性动力学的基础），以相互作用的"动态关系因果关系"取代"静态"的、概率定义的辨识结果。

（3）预防指导：基于系统安全性动力学评估结果所提出的改进措施，并能对其可能产生的效果进行量化仿真评估，使事故分析结果能直接对未来的预防措施起到指导性的作用。

4.1.1　系统动力学理论与建模基础

系统动力学（system dynamics，SD）在 20 世纪 50 年代由 MIT 的 Sloan 管理学院教授 Jay Forrester 首创，用以理解和分析复杂系统行为的时域特性[2-4]。SD 方法的建模核心是构建因素之间的反馈回路，数学工具是对时域的数值积分。在 SD 方法下产生的系统动力学仿真软件有多种，目前普遍采用的是VENSIM，这是一款基于视窗操作的软件。系统动力学中，表示因素之间相互关系的基本结构是正向（用"＋"表示）与负向（用"－"表示）两种关系，分别表征了自变量和因变量同向或者逆向的变化规律。应对目前日益广泛的组织性系统安全事故，SD 方法有助于将"社会—技术系统"中成员的相互作用进行概念建模和仿真分析，尤其是揭示长期影响。SD 模型目前应用于系统安全性领域建模的目的主要分为 3 个类型[5]：

（1）复现已有事故，演绎潜在事故原因，辨识事故因素。

（2）提出复杂系统安全性行为的范式，为预防措施提供指导和依据。

（3）评估安全性措施的收益，预测系统安全性行为。

SD 方法通过"同向变化（＋号）"和"反向变化（－）"为基本元素提炼因素间

耦合关系形成的概念反馈回路,通过参数、变量定义赋予适用的函数表达式,将上述概念化因素间的因果关系数学化,构建定量或定性的时域仿真模型,获得核心因素的时域特性。SD建模的典型因果回路如下。

(1) 增强型回路(reinforcing loop,R回路),其描述了原因变量 A 产生具有相同趋势(增、减少)的结果变量 B 的回路特征;

(2) 平衡型回路(balancing loop,B回路),其描述了状态变量 C(如特定行为)向目标参数 D 的寻的过程回路;

(3) 延迟环节(delay,D),描述了变量作用效果显现所需要的时间延迟特征。

由B回路和R回路等构成的回路组合导致了系统行为的复杂性,此外在回路中普遍存在的延迟环节是导致系统行为难以预期的重要因素。即,SD方法表述复杂系统行为的基本方式是包含延迟环节的多重反馈回路。系统动力学的基本反馈形式分为指数、寻的和振荡3类,如图4.1所示。这3种基本反馈形式叠加形成了含延迟环节的多重反馈回路组。SD据此可以描述和解释复杂系统的潜在行为机理。

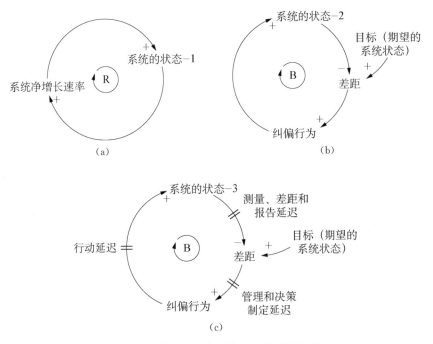

图 4.1   基本的 3 类系统动力学反馈形式

(a) 指数增长形式:正反馈   (b) 寻的形式:负反馈   (c) 振荡形式:带有延迟的负反馈

对一个系统动力学模型进行典型回路反馈形式的辨识,有利于分析模型行为和帮助提高建模的正确性。在系统动力学中,＋或－的符号代表着自、因变量变化趋势关系,而这样的变化趋势代表着求和、求积、缩放等多种可能的定量含义,具体的表达式是根据概念模型而定的。因此,概念模型的合理性对 SD 模型的正确性至关重要。基于系统动力学理论的复杂系统安全性行为的基本建模过程主要包含下述步骤。

(1) 模型概念建模,开展导致复杂系统事故的风险基础因素辨识,其数据来源主要包括:①基于工程经验的假设和维护事故调查;②文献研究成果,如事故模型和风险范式;③安全性数据,如维护事故致因统计等。基于此进一步辨识拟建模的层级和关键变量。

(2) 构建"因果回路模型(causal loop diagram,CLD)",提炼重要的管理和技术过程风险因素间关系的因果链,用反馈回路概念模型描述上述行为对复杂系统事故的动态影响。

(3) 结合复杂系统的历史性数据,根据因果关系因素的概念确定对应的定量、定性参数/变量的数学表达式定义。

a. 存量变量(stock,积分值,S),如人员的任务经验水平。

b. 流率变量(flow,存量变化率,F),如人员的经验学习率。

c. 表函数参数(data,D),提供建模的基础数据的输入,如人员人数的历史数据。

d. 辅助变量(auxiliary,A),如中间变量和函数等,如人员平均经验。

e. 常数值(constant,C)常值变量,通常为 S 变量的初值或 A 变量定义中的系数,如人员的初始任务经验水平。

CLD 中的概念化因素关系通过定量或定性函数表达式转化为上述参数/变量的数学定义,形成可进行时域积分仿真的"存量—流率模型(stock-flow diagram,SFD)",基础关系式:

$$\text{Stock}(t) = \int_{t_0}^{t} \left[\text{Inflow}(s) - \text{Outflow}(s)\right]\mathrm{d}s + \text{Stock}(t_0) \qquad (4.1)$$

在上式中流率变量的定义由表函数参数、辅助变量和常值变量予以支持。上述变量间关系在 SFD 图中的关系如图 4.2 所示。

(4) 在形成初步的 SFD 模型后通过对回路参数敏感性和主导回路测试,定量或定性复现典型案例复杂系统历史行为校验建模的合理性。为了便于开展数

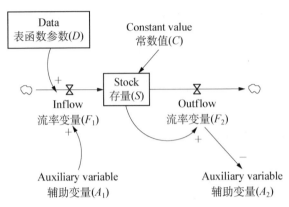

图 4.2   存量—流率模型中参数/变量标记

值时域仿真,系统动力学领域已形成了一系列仿真工具平台,并拥有各自格式的建模语言和函数定义库,如 DYNAMO,ithink,Powersim 和 Vensim 等,其中由美国的 Ventana System 公司开发的 Vensim 仿真平台具备视窗化的操作界面,其建模语言较为清晰易懂,其 DSS 版(专业版)提供敏感性分析、蒙特卡洛仿真及量纲一致性检查等实用功能[6],故本书采用该平台开展本研究所需的建模视图化及仿真计算。此外,对于大多数从事教学科研的用户而言,Vensim 平台提供了免费的 PLE 版(个人学习版),涵盖了大多数常用功能。

(5) 模型应用,基于仿真模型开展在预期策略影响下复杂系统安全性随时间的演化过程和措施收益定性预测(如安全性改善效果或不利副作用),支持相关技术和管理政策的决策分析。

4.1.2   系统动力学建模与仿真环境

本书建模演示和制图所使用的系统动力学建模和仿真平台为 Vensim PLE 版,其基于视窗界面在 CLD 建模阶段提供了因果树及反馈回路统计功能;在 SFD 建模阶段支持大部分常用函数(如常用计算公式、插值查表函数、延迟环节函数)并提供欧拉和龙格库塔法供数值积分选择(仿真步长可以在 0.007 812 5 至 1 之间选择)。PLE 版的基础界面如图 4.3 所示。

Vensim 软件的突出功能是支持可视化显示参数初值对仿真结果的影响的实时显示及调整,并支持仿真结果的数据文件输出或视窗化曲线显示的功能。下面对基于该平台的 SD 建模和仿真做示例性说明。

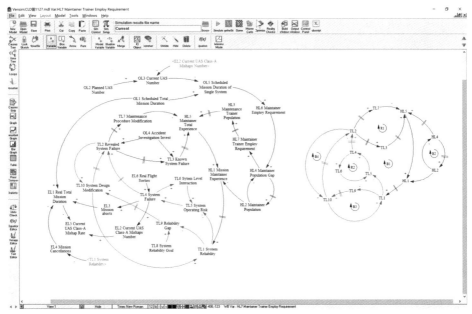

图 4.3　Vensim PLE 6.4 版的基础界面

1) 参数/变量定义的基本形式

现通过 SD 方法的经典模型"自然条件下兔子种群中个体数量"作为案例,对 SD 建模基本元素做概要介绍。其 SFD 模型如图 4.4 所示。该图中一共有 10 个参数/变量,各参数/变量按照上述定义分类为:

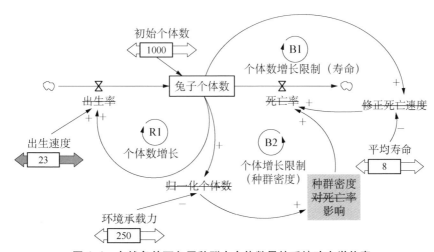

图 4.4　自然条件下兔子种群中个体数量的系统动力学仿真

（1）存量参数（S）：兔子个体数。

（2）流速变量（F）：出生率、死亡率。

（3）辅助变量（A）：修正死亡速度、种群密度对死亡率影响、归一化个体数。

（4）常数参数（C）：出生速度、平均寿命、初始个体数、环境承载力。

若时间轴为 30 年，取初值 C_4 为 250 和 500（只），仿真对比如图 4.5 所示。该实例模型中的相关参数和变量的定义如表 4.1 所示。

2）功能性函数

为了便于说明在建模中使用的常见功能性函数及其在 Vensim 语言中的定义习惯，本书对"通用的无人机系统安全性动力学"建模中所使用到的 4 种功能性函数的相关数学原理作一介绍。这里使用了第 5 章无人机出勤率、事故率层级（EL）中的部分视图以方便说明，如图 4.6 所示。

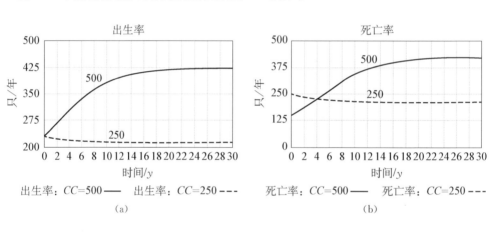

（a）　　　　　　　　　　　　　　　　（b）

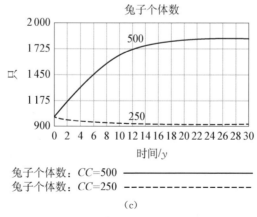

图 4.5　兔子种群个体数量系统动力学仿真结果

（a）出生率　（b）死亡率　（c）兔子个体数

表 4.1   示例中参数、变量定义及表达式

变量	定义	单位	表达式
S_1	兔子个体数	只	$\text{INTEGER}(F_1 - F_2)$，初值$=1\,000$
F_1	出生率	只/年	$C_1 S_1$
F_2	死亡率	只/年	$A_2 A_3$
A_1	修正死亡速度	只/年	S_1 / C_3
A_2	种群密度对死亡率影响	1	查表函数：$A_2 = f(A_3)$，$((0, 0.9), (1, 1), (2, 1.2), (3, 1.5), (4, 2))$
A_3	归一化个体数	1	S_1 / C_4
C_1	出生速度	只/年	0.23
C_2	初始个体数	只	1 000
C_3	平均寿命	年	8
C_4	环境承载力	只	$CC = 250$ 或 500

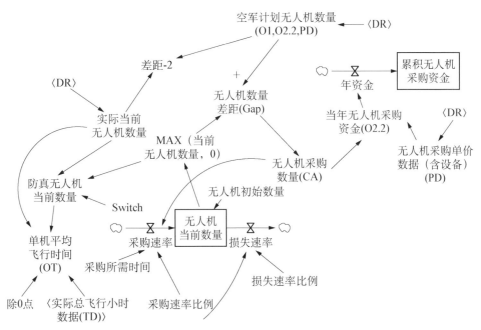

图 4.6   变量及函数举例

（1）边界值限定函数（LIMIT function）。

在系统动力学建模中，对于很多变量的合理范围应该有所设定，这样，MAX和 MIN 函数应该用来限制一些不正常的参数的变化，避免其超出合理范围，例如最小值不能为负数，最大值为 1 的一些变量。$C=\text{MIN}(A，B)$用来取 A 和 B中较小的变量为 C。例如 $C=\text{MIN}(A，1)$即可使用来使代表"风险水平"的变量C 的最大值不超过 1（即 100%）。与之类似，$C=\text{MAX}(A，B)$用来取 A 和 B 中较大的变量为 C。例如 $C=\text{MAX}(当前无人机数量，0)$即可用来使图 4.6 所示中间变量"当前无人机数量"的计算值不小于 0。

（2）积分函数（LEVEL function）。

在存量/流率计算中所使用的存量参数（stock）的定义函数为以下格式：

$C=\text{INTEG}(A_1-A_2，B)$，其中 A_1 和 A_2 代表流率函数，即图 4.7 中的流入（Inflow）或流出（Outflow）变量，B 为积分初值。

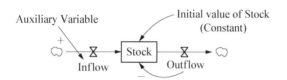

图 4.7　存量与流率函数的 SFD 图

其等价于以下积分表达式：

$$\text{Stock}(t)=\int_{t_0}^{t}\left[\text{Inflow}(s)-\text{Outflow}(s)\right]\mathrm{d}s+\text{Stock}(t_0)\qquad(4.2)$$

在图 B-1 中所使用到的存量参数"无人机当前数量"即是通过流率变量"采购速率"和"损失速率"数值积分得到。此外，图中的"无人机初始数量"即用以定义存量参数"无人机当前数量"的初值，即 $\text{Stock}(t_0)$。

（3）延迟环节函数（DELAY function）。

延迟环节用来描述一个变量到达其仿真状态过程中的延迟特性，其基本构成如图 4.8 所示。在 SD 的 CLD 图的建模习惯中，存在延迟特性的反馈过程在其因果关系链上用"双竖线"进行标识[见图 4.1(c)]。

如图 4.8 所示，"采购所需时间"参数是延迟环节的表征，其类似于附加了一个由于"无人机制造过程"存在而使得"无人机当前数量"存量 S 不能得到立即增加的系统特性。该环节的数学表达式如下，其中"每架无人机生产所需时间"

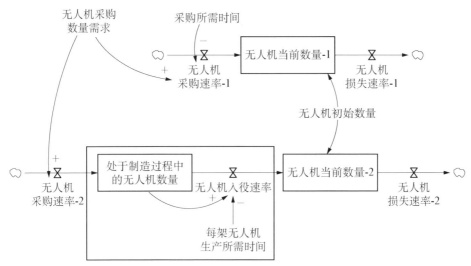

采购所需时间＝DELAY（处于制造过程中的无人机数量（t），每架无人机生产所需时间）

图 4.8　延迟环节原理示意图

为常数，例如 200 天：

处于制造过程中的无人机数量(t)＝处于制造过程中的无人机数量(t_0)

$$+\int_{t_0}^{t}\big[无人机采购速率(t)-无人机入役速率(t)\big]\mathrm{d}t$$

$$(4.3)$$

其中两个变量的定义为

处于制造过程中的无人机数量(t_0)＝ 无人机采购速率(t_0)×每架无人机生产所需时间

$$(4.4)$$

$$无人机入役速率(t)=\frac{处于制造过程中的无人机数量(t)}{每架无人机生产所需时间}\qquad(4.5)$$

图 4.8 中实线方框中的部分可以用一个延迟环节函数进行替代，其 Vensim 语言表达式如下，其中 A 代表基本变量，B 代表延迟时间。

$$C=\mathrm{DELAY1}(A,B)\qquad(4.6)$$

由于延迟时间的存在，系统的特性会发生振荡，在大多数负反馈回路（B 回路）中，如果延迟显著往往会产生振荡。例如，改变图 4.8 中"采购所需时间"参数的取值,对"当前无人机数量的影响"结果如图 4.9 所示。延迟环节在本书所构建的无人机系统安全性动力学建模中大量存在,这也是导致该"社会—技术系统"行为复杂性的一个原因之一。因为有延迟环节的存在,某一决策在遭遇执行过程中延迟环节的影响后往往会得到与预期不一致的偏差,这也是 SD 建模和仿真能帮助中长期政策分析的重要价值的数学基础。

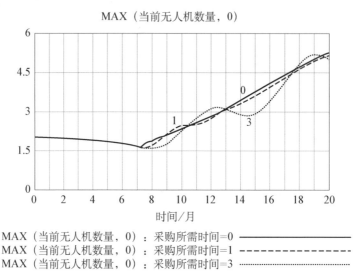

MAX（当前无人机数量，0）：采购所需时间=0 ——————————
MAX（当前无人机数量，0）：采购所需时间=1 －－－－－－－－
MAX（当前无人机数量，0）：采购所需时间=3 ··················

图 4.9　不同延迟时间取值对相关变量影响的时域仿真结果(示例)

(4) 插值查表函数(DATA function)。

在 SD 建模处理输入数据时通常会使用查表函数(反映历史数据的影响),在 Vensim 语言中使用 WITHLOOKUP 函数对表数据进行输入和调整,其插值方式为一阶线性插值。仍以上图中"无人机采购数量需求"为例,该表函数的使用方式在 Vensim 语言中定义如下:

$$B = \text{WITHLOOKUP}(IV, A) \tag{4.7}$$

式中:A 为查表变量,IV 为表函数,其取值定义示例如下

$$IV = ([(0, 0) - (240, 200)], (0, 0), (12, 3), (24, 8), (84, 20),$$
$$(108, 30), (132, 80), (192, 120), (228, 180), (240, 160)) \tag{4.8}$$

该示例在平台中的显示如图 4.10 所示。在实际情况下,还可以采用一个斜坡函数 RAMP 或 Vensim 仿真中自生变量 *Time* 对表函数进行查表,使查表结果称为一个常规的辅助变量参与计算。斜坡函数在 Vensim 中的定义如下:

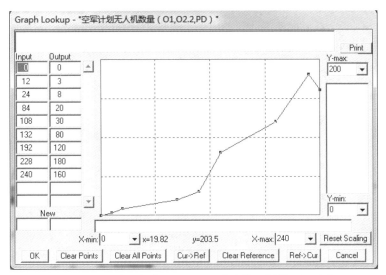

图 4.10　查表函数在 VENSIM 语言中的设置界面(示例)

$$D = \mathrm{RAMP}(A，B，C) \tag{4.9}$$

式中：A 为斜率，B 为起始时间，C 为终止时间。

4.2　无人机系统安全性动力学建模过程

4.2.1　无人机系统安全性风险因素交互

现代安全性研究者指出，目前的系统安全性分析方法应该加强逆向思维，不能只关注可见的事故，安全性管理不能依赖于被动的"后见之明"，不能将技术系统孤立于其"研制—维护—运行"过程的背景，而仅停留在失效概率的计算上，应考虑与系统安全性相关的多重因素[5]。在本书第 3 章中所提出的安全性控制结构的建立方法能帮助梳理无人机系统安全性动力学建模所需要考虑的基本风险因素。通用的无人机系统"研制—维护—运行"过程安全性控制结构(GUSCS)如图 4.11 所示。

基于上述结构，本章对无人机系统安全性动力学的建模采用了 Molennar 等所提出的系统安全性的分析框架[7]，将贡献于无人机系统安全性的风险因素分别归因于以下 4 个层级中，层级间存在着彼此之间的反馈过程关系，如图 4.12 所示。

(1) 无人机任务出勤率、事故率表征(emerging level，EL)。

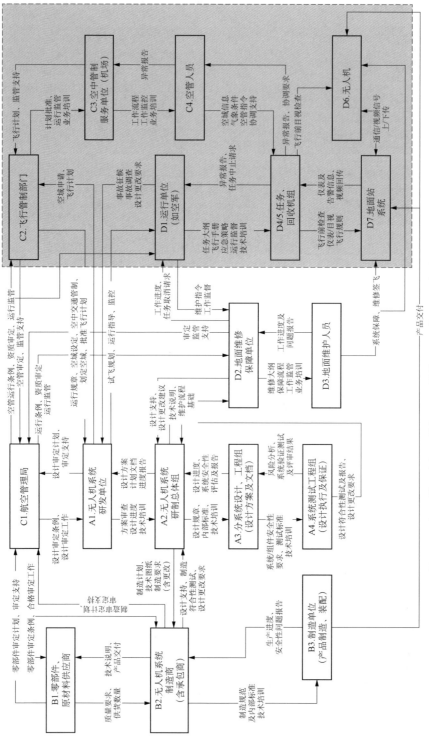

图 4.11　通用的无人机系统"研制—维护—运行"过程安全性控制结构（GUSCS）

（2）关键系统故障状态及风险交互关系（technical system level，TL）。

（3）相关人员数量及职业经验（human resource level，HL）。

（4）组织架构、责任及风险交互关系（organizational level，OL）。

进而，无人机系统安全性关键风险因素构成关系可以用图 4.13 来表示。

基于与无人机系统安全性直接相关的控制行为，依照本书 3.1 节所述的"控制行为需求（RCA）"辨识框架，可以得出由关键性的"危险的控制行为（HCA）"和"有缺陷的反馈信息（FFI）"所代表的基本风险因素，驱动"无人机系统安全性系统动力学"建模，如图 4.14 所示。这些元素与图 4.12 中的元素编号保持一致，并注明了其对应的 GUSCS 中的控制行为链（如 D1→D2→D3）以及对应的RCA 分类。

4.2.2　无人机系统安全性动力学建模流程

依据上述风险因素表，本章提出"通用的无人机系统安全性动力学模型（generic UAS safety dynamics model，GUSDM）"，其构建过程分为 3 个步骤，如图 4.15 所示。

1）概念建立（C1 与 C2 阶段）

由于无人机系统"研制—维护—运行"过程所关系到的组织/人员行为、技术系统物理关系相互耦合，意图将这些因素不分主次地进行 SD 建模，存在相当程度的随意性。因此，建模的基础是对无人机系统安全性控制结构的基本辨识。

首先，基于参考数据应预先确定合适的模型仿真时间轴，如果时间轴过短，仿真的振荡会导致结果的无意义；而时间轴过长，仿真的结果会缺乏验证的支持而变得不可信。再有，建模对象所涉及的相关边界对于仿真建模的合理性、量化仿真的可行性起着关键性作用，应结合真实数据选取与之适应的边界，例如应识别和排除组织、人为因素中难以被量化及仿真验证的部分。在此基础上，对于模型中参数/变量的选择应基于实际可知、可测、具备量化可能性的因素，模型的分析结果才是可评估、可验证的。系统动力学建模所遵从的应该是无人机"研制—维护—运行"相关管理层级统计信息、事故报告及相关研究类文献理论中所可以探知的明确的因素以及其可能的反馈过程因果关系。

这些数据来源主要可以分为以下 3 类，其与图 4.14 所辨识的待建模的风险因素的关系相应标出为以下内容。

第一类：无人机系统发展阶段性总结及规划[8-16]。这类数据包含以下内容。

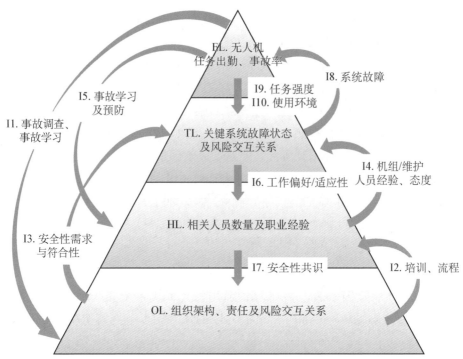

图4.12　无人机"研制—维护—运行"过程系统安全性相关风险因素反馈过程

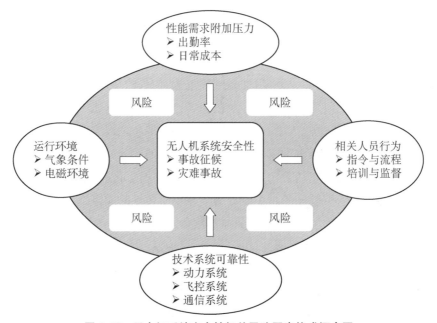

图4.13　无人机系统安全性相关风险因素构成概念图

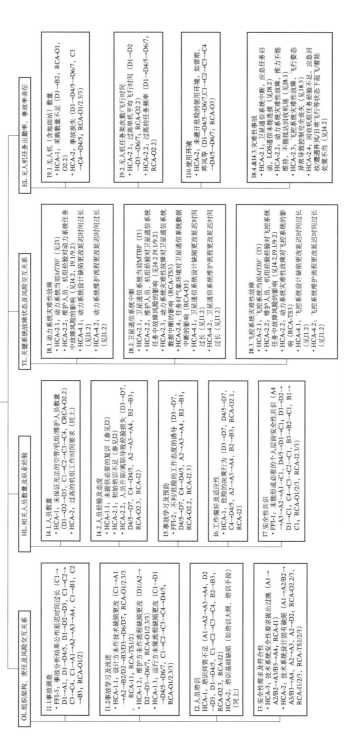

图 4.14 无人机系统安全性动力学建模风险因素辨识表

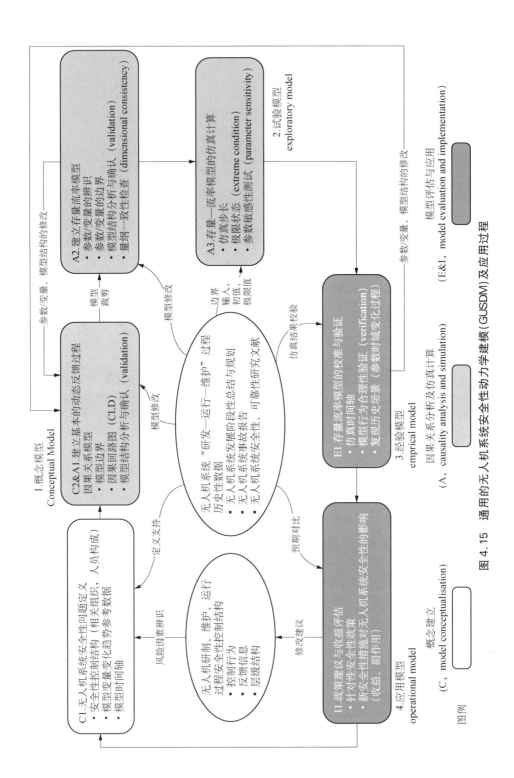

图 4.15　通用的无人机系统安全性动力学建模（GUSDM）及应用过程

（1）无人机的研制资金投入（关联 I2 与 I9.1）。

（2）总体任务需求（如计划任务飞行时间）（关联 I9.2）。

（3）相关人员数量（关联 I4.1）。

第二类：无人机系统运行数据统计和事故报告，主要来自相关机构公布的信息，如文献[17]。这类数据包括以下内容。

（1）无人机实际任务飞行时间（关联 I9.2）。

（2）各次无人机事故发展过程及因素分析（关联 I1.1 - 3，I4.2，I4.3，I8.1 - 8.4，I10.1）。

第三类：无人机系统安全性、可靠性相关的研究文献。这类数据包括以下内容。

（1）事故中因素分类及规律分析（关联 I4.2，I4.3，I8.1 - 8.3）。

（2）安全性改善措施研究及效果评估（关联 I1.2，I4.2，I5 - 7）。

例如，Williams 对无人机事故中人为因素的分析[18]；Tvaryanas 基于 HFACS 分析方法对无人机系统的分析[19]；美国国防部秘书处（OSD）对美国军用无人机运行情况及事故原因的统计及分析[20]；Hobbs 和 Herwitz 研究无人机系统的维护风险因素的分析报告[21]。

2）反馈过程因果关系分析及仿真模型建立（A1 至 A3 阶段）

在该阶段中，根据建模概念的定义，提出用于描述无人机系统"研制—维护—运行"过程中对系统安全性有贡献的因素间的反馈过程因果图（causal-loop diagram，CLD），用系统动力学方法建立关键性的反馈回路（增强回路 R 及平衡回路 B），形成概念性模型（conceptual model），在此过程中，模型边界应进一步得到确认。在这一过程中，应对比和参考成熟的或已得到验证的参考文献中的模型，减小建模的主观性。在 CLD 图的基础上，确定在参数中属于存量的部分，并为之生成合理的流率变量，形成存量—流率图（stock-flow diagram，SFD）。

在 SFD 模型的构建后，应根据无人机"研制—维护—运行"过程中的真实数据，为参数赋予初值，对模型的合理性，尤其是基本反馈回路架构的设计和延迟环节的设置作初步的检查，形成试验性仿真模型（exploratory model）。

3）模型评估及应用（E1 及 I1）

在该步骤中，应检查模型是否可以对仿真对象的行为进行合理的复现，即其是否具备从以概念描述到量化描述的能力，从而形成经初步验证的经验性模型（empirical model）。在此基础上可以对现有状态随时间的演进过程和新安全性措施所可能带来的有效性和副作用进行仿真预测，扩展为应用性模型

(operational model),对未来政策提出决策建议。

4.3　无人机系统安全性动力学因果关系建模

　　根据第 2 章 2.2 节的统计结果可知,无人机系统的事故相关因素通常分为以下 4 类:动力与电源系统,飞行控制系统,数据通信系统和人为因素。本节以前 3 类技术系统的运行过程为最底层的受控过程,利用安全性控制结构识别研制、维护过程(仍采取将规章及指令执行过程隐含在前三过程中)对运行过程构成影响的相关反馈过程,对无人机系统安全性动力学进行建模。

　　对反馈过程的动力学描述是无人机系统安全性建模的核心,无人机系统安全性是与"研制—维护—运行"相关的反馈过程在运行过程中的"浮现属性"。影响无人机系统安全性的组织、人员及技术系统中存在的风险因素随时间演变的"反馈过程"具有两大特征:

　　(1) 交互性:即组织、人员与技术系统内部以及这三者之间具有相互影响的因果关系。

　　① 系统输入与输出关系非线性。

　　反馈过程所表现出的某一行为是由多层级因素贡献的结果,在一层级内部的行为往往看似简单,但是由于因素之间相互作用关系的复杂性,行为往往表现出非线性特性。此外,由于决策产生(例如事故调查结果公布)、行为执行(例如培训过程所需时间)中存在的延迟,这样的非线性特性通常以振荡的形式表现出来,其可能带来的结果难以预知。

　　② 系统状态的时变性。

　　反馈过程内部存在大量的闭环回路,尤其是存在大量的负反馈回路。这些回路之间的相互作用会随着时间的推移在"反馈回路支配权(loop dominance)"改变的驱动下发生变化,系统行为也随之发生变化(甚至逆转),这一现象是从系统结构角度解释系统行为的主要理论依据。有关此现象的深入分析可参见系统动力学相关的基础文献,如文献[4]。

　　(2) 轨迹依赖性,即组织、人员与技术系统现阶段的行为(中间变量)取决于与当前时间点相关的一个历史依赖(积累变量),可用下式表达,其中 $f(t)$ 为某一现阶段行为变量,$g(t)$ 为与之相关的历史变量。

$$f(t) = k \left[g(t_0) + \int_{t_0}^{t} g(t) \mathrm{d}t \right] \tag{4.10}$$

轨迹依赖性在无人机系统"研制—维护—运行"过程中大量存在,例如飞行员的行为在一定程度上依赖于其对无人机特性的以往认知(由任务经历、职业培训带来),而非仅仅当下的触发条件的作用(如突发的未知系统故障)。

4.3.1　组织因素与涌现层级反馈过程建模

位于 GUSDM 模型最顶层是"浮现属性"层级,即无人机系统任务出勤率、事故率层级(EL)表征了无人机系统安全性的重要指标以及其他影响因素(例如性能要求,任务能力等)。该层级中的指标是无人机系统"研制—维护—运行"过程中决定相关组织决策的基本依据及根本目标,因此在本模型中将其与组织因素层级(OL)的因素相合并以利于表达。该层级的建模反映了事故表征(如当年事故数,10 万小时事故率)驱使组织的应对行为及这些行为对事故表征的影响。

OL 和 EL 层级中的主要反馈回路共包含 4 个平衡回路(B1 至 B4)和 1 个增强回路(R1),根据回路之间的反馈过程作用的远近,可将其分为以下 3 组,如图 4.16 所示。

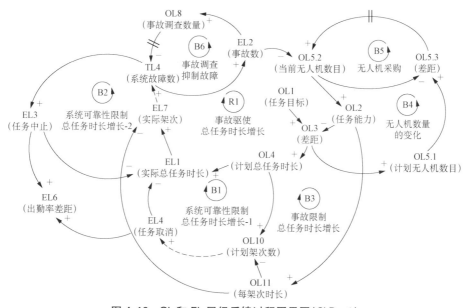

图 4.16　OL 和 EL 层级反馈过程因果图(CLD - 1)

(1) R1 - OL(EL1 - EL2 - OL2),B4 - OL(OL2 - OL5.1 - OL5.2)与 B5 - OL(OL5.2 - OL5.3):该回路组的关键节点是 OL2 与 OL5.2。

在给定的某一任务目标下(OL1),平衡型回路 B4 - OL 描述了当前无人机数量受事故损失的影响后组织通过采购（OL3 $\xrightarrow{+(\text{Delay})}$ OL5.2，带延迟环节）补充任务能力（OL5.2 $\xrightarrow{+}$ OL2）的行为。由于无人机采购行为存在延迟（有关延迟环节的建模原理，如 4.1.3 节所示），无人机数目不能得到及时的补充。与此同时组织会通过增加计划任务时长（OL3 $\xrightarrow{+}$ OL4）来试图补偿事故损失所造成的任务能力下降，但事实上，随着 OL4 的增长，无人机任务架次数（EL7）增加，其事故数也随之增多（OL4 $\xrightarrow{+}$ EL2），故这一预期的反馈过程因果关系（OL4 $\xrightarrow{+}$ OL2）实际上是不能达成的。由增强型回路 R1-OL 所描述的该正反馈行为（EL2 $\xrightarrow{+}$ OL4 $\xrightarrow{+}$ EL2）可以被概括为"事故驱使计划任务时长增长"的"恶性循环"，这一典型行为广泛存在于无人机系统的运行历史中。例如以美国空军 MQ-1"捕食者"无人机系统 1994—2013 年的事故数据为例，其事故数目与计划总任务时长之间的正反馈作用关系如图 4.17(a)所示。

（2）B1-OL（EL1-EL2-OL4），B2-OL（TL4-EL3-EL1）及 B3-OL（OL11-EL4-EL7-OL2）：该回路组的关键节点是 EL1，TL4 和 OL11。

作为因果链 OL3 $\xrightarrow{+}$ OL4 的结果，事故数（EL2）导致计划任务架次数（OL10）的增加，然而受到无人机系统可靠性的影响（OL10 $\xrightarrow{+}$ EL4，EL7 $\xrightarrow{+}$ TL4，该部分建模细节在 5.2.3.3 节中具体展开），任务取消数量（平衡回路 B1-OL）和任务中止数量（平衡回路 B2-OL）都在逐步增长，从而使实际总任务时长和计划总任务时长之间产生差距。随着时间的推移，如事故数仍在持续增加，组织会相应缩减每架次无人机飞行时长（平衡型回路 B3-OL，EL2 $\xrightarrow{-}$ OL11），该行为叠加 B1-OL 回路后进一步降低实际总任务时长（OL11 $\xrightarrow{+}$ EL1）。这反映了事故数目随时间推移逐渐抑制实际总任务时长增长的现象，即平衡型回路 B3-OL 对增强型回路 R1-OL 的延迟抑制作用。利用本书第 5 章以美国空军 MQ-1"捕食者"无人机为例的系统安全性动态仿真结果可以说明这一现象，如图 4.17(b)所示。

（3）B6-OL（OL8-TL4-EL2），该回路描述了组织的事故调查行为（OL8）所驱使的"事后安全性措施"对关键性系统灾难性故障（OL8 $\xrightarrow{+(\text{Delay})}$ TL4）的影响，这在下一节的技术系统层级建模中将详细分析。

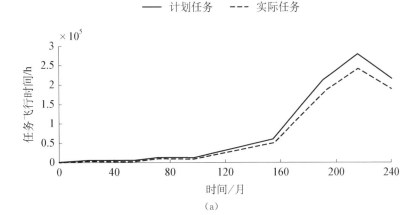

（a）

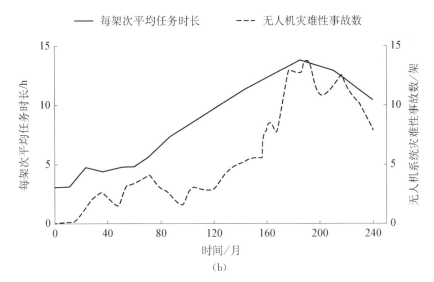

（b）

图 4.17　显示 B3‑OL 对 R1‑OL 回路抑制作用的仿真曲线

（a）事故数目与计划总任务时长之间正反结作用关系　（b）MQ‑1 为例的系统安全性动态仿真结果

4.3.2　技术系统层级反馈过程建模

本节围绕技术系统层级（TL）并结合人员因素层级（OL）建立反馈过程关系图。该层级的建模反映了以下三方面的反馈过程因果关系：

（1）关键性系统可靠性水平、系统故障风险及系统故障数之间的相互作用。

（2）系统可靠性水平不足产生的事故征候对人员行为的诱导作用。

（3）任务出勤率差距通过人为因素的传递作用对系统故障的影响。

依据上述关系构建 TL 层级中的主要反馈回路，该层级主要包含了 4 个平衡型回路 B1 至 B4 和 4 个增强型回路 R1 至 R4，根据回路之间的反馈过程作用的远近，可将其分为以下 3 组，如图 4.18 所示。

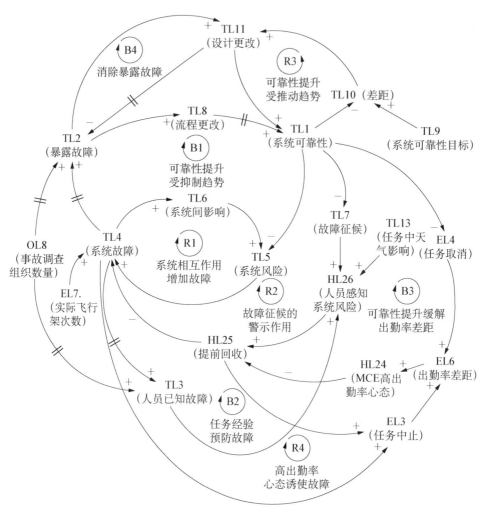

图 4.18　技术层级(TL)反馈过程因果图(CLD‑2)

(1) B1‑TL(TL2‑TL1‑TL4)，R1‑TL(TL4‑TL6‑TL5)，R3‑TL(TL1‑TL11‑TL2)及 B4‑TL(TL11‑TL2)：该回路组的关键节点是 TL1，TL2，TL11。

描述了组织的事故调查行为(OL8)所驱使的"事后安全性措施"的工作过程。当无人机系统任务中发生系统故障导致事故后，由事故调查分析锁定导致故障的原因；在经过事故调查通报后(OL8 $\xrightarrow{+(Delay)}$ TL2)：①维护和运行方据此对驱动系统运行、维护流程的更改(平衡回路 B1 - TL),②设计和制造方在面临实际可靠性水平与目标值差异后对驱动系统设计更改(增强回路 R3 - TL)。有关典型 HSE 行为的深入分析,可参见 Perrow 在其"寻常事故理论(NAT)"中的相关论述[34]。

结合当前常用的衡量指标习惯,系统可靠性水平是用系统平均故障间隔时间(MTBF)来表征的[32],为构建无人机系统安全性动力学模型,本书对于无人机可靠性的贡献因素辨识为系统设计、系统维护指令设计及维护人员经验水平这 3 个环节,故本模型对无人机系统可靠性水平进行建模时采用以 MTBF 为表征的以下关系式:

$$\text{MTBF} = f(系统设计缺陷,系统维护指令缺陷,维护人员差错) \quad (4.11)$$

R3 - TL 回路描述了 MTBF 随系统设计更改而逐渐提升的反馈过程。B1 - TL 回路描述了随着暴露故障的减少,流程缺陷被掩盖,系统 MTBF 的提升效果受到限制的反馈过程。随着时间的推移 B1 - TL 对 R3 - TL 逐渐显现出抑制作用,以本书第 5 章以美国空军 MQ - 1"捕食者"无人机为例的系统安全性动态仿真结果(卫星通信系统)可以说明这一现象,如图 4.19 所示。

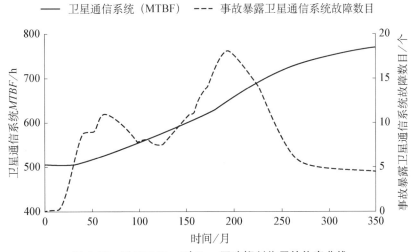

图 4.19 显示了 B$_{1\text{-}TL}$ 对 R$_{3\text{-}TL}$ 回路抑制作用的仿真曲线

R1 - TL 回路描述了系统之间(如动力、飞控、卫星系统)由于故障导致的相互作用,例如美国空军 MQ - 1"捕食者"无人机在 2007 年 12 月 17 日在伊拉克的一次任务中,由于发电机故障导致卫星链路中断,任务机组切换卫星中断的应急流程(触发 LL 剖面)后,飞控系统也随后发生故障,导致舵面急偏,飞机失速后空中解体。此类系统故障相互影响所导致的灾难性事故导致了大量的"捕食者"无人机的损失。B4‐TL 回路描述了由于系统设计更改导致事故调查所暴露的故障被消除的过程。

(2) R2‐TL(TL4‐TL1‐HL26)与 B2‐TL(TL4‐TL26‐HL25):该回路组的关键节点是 TL4 和 HL26。

在初期阶段,系统可靠性水平较低,R2‐TL 回路是主导回路,系统的故障症候的发生会使机组所感知的系统潜在风险增加,使机组提前采取灾难性故障的预防措施(TL1 $\xrightarrow{-}$ HL7 $\xrightarrow{+}$ H26)。与此同时,由于事故调查同时会对系统的历史故障状态在组织内进行通报,组织在机组人员的培训中包含了对过去事故案例的学习(如美国空军 MQ‐1"捕食者"无人机系统培训中有关事故学习的部分研究成果可参考文献[5]),人员所感知的系统潜在故障风险依赖于系统的历史运行案例,人员会据此发出相应的预防行为,如中止任务提前回收无人机(回路 B2‐TL 的影响),从而抑制系统灾难性故障的发生。该现象可以用以下表达式进行描述:

$$HL26 \propto \frac{TL3 \times TL7}{TL13} \tag{4.12}$$

这一现象可通过以美国空军 MQ‐1"捕食者"无人机系统为代表的运行经历得到印证[6],如 2002 年,美国空军 MQ‐1"捕食者"无人机系统共发生了 5 次由于发动机机油油压波动,3 次发动机进气压力(MAP)读数异常以及 4 次发动机点火系统间歇性故障等事故症候导致的提前回收;如 2003 年,卫星通信暂时中断突发的情况共发生 10 次,机组在执行检查流程后重连成功 4 次,不能重连而选择切断卫星通信上传信号提前回收 4 次。

随着时间的推移,B1‐TL 和 R3‐TL 回路逐渐生效,即组织在事故后对暴露的故障在系统设计和维护、运行流程的改进使可靠性逐步增高,事故症候减少,故障警示减少,人员倾向自满心态,在反馈过程的后期 R2‐TL 使 B2‐TL 回路受到抑制,这使得一些突发的灾难性故障往往得不到预防,如美国空军 MQ‐1"捕食者"无人机系统 2008—2009 年间(图 4.20 中的第 180 至第 214 月),动力系统的灾难性故障数量出现了尖峰。以本书第 5 章以美国空军 MQ‐1"捕食者"无人机为例的系统安全性动态仿真结果(动力系统)可以说明这一现象,如图 4.20所示。

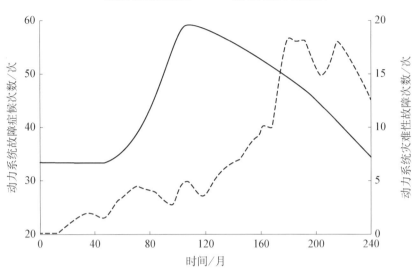

图 4.20　显示了 R2‐TL 对 B2‐TL 回路抑制作用的仿真曲线

（3）B3‐TL(EL6‐TL4‐EL4)与 R4‐TL(EL6‐TL4‐EL3)：该回路组的关键节点是 TL4 和 EL6。

在本书中，依据如 OSD 等组织在无人机系统运行数据上的统计习惯，出勤率定义如下式所示。

$$出勤率差距(availability\ gap) = \frac{计划飞行时长 - 实际飞行时长}{计划飞行时长} \times 100\%$$

(4.13)

出于建模需要，本模型 GUSDM 模型考虑了两个重要的出勤率差距致因。

a. 任务取消，包含两类：①由于系统故障不能在地面维护中排除或控制在可接受状态；②天气原因。

b. 任务中止，包含两类：①由于系统事故导致无人机坠毁或丢失；②由于系统出现故障征候促使机组提前回收以试图预防灾难性故障的发生。

由典型无人机系统的运行数据统计可以看到，影响其出勤率的主要原因是任务取消(TL1 $\xrightarrow{-}$ EL4 $\xrightarrow{+}$ EL6)。如美国空军 MQ‐1"捕食者"无人机系统 1994—2013 年间任务中止数和任务取消数的比例，如图 4.21 所示。

由此可见，在该回路组中的主导回路自始至终都应是平衡型回路 B3‐TL。伴随系统可靠性的提高(B1‐TL 和 R3‐TL 回路)，任务取消的数目逐渐降低，

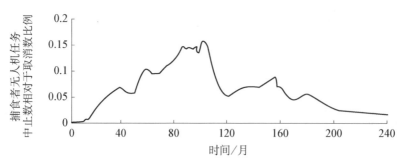

图4.21　任务中止数和任务取消数比例(1994—2013年)

系统出勤率差距减小。以本书第5章以美国空军 MQ‑1"捕食者"无人机为例的系统安全性动态仿真结果(卫星通信系统)可以说明这一现象,如图4.22所示。通过该图还表明,在出勤率差距增大的情况下,机组人员会倾向于主动忽略故障征候,减少预防措施,以追求计划飞行时长的要求,这一行为在本模型中通过 $EL6 \xrightarrow{+} HL24 \xrightarrow{-} HL25$ 这一条反馈过程体现:卫星通信系统原因导致的提前回收数量的变化趋势与任务出勤率差距的变化趋势相反。这同时也表明了当无人机系统运行组织面临较大的战斗力压力时,其系统灾难性故障的发生率会提高,这一建模与美国国会无人机系统研究报告的分析结果一致[29]。

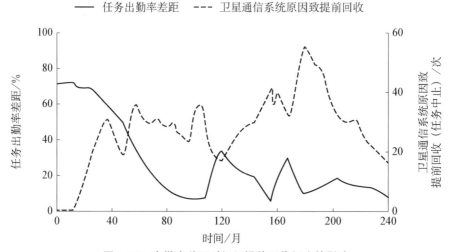

图4.22　出勤率差距对机组提前回收行为的影响

4.3.3   人员因素层级反馈过程建模

本节围绕人员因素层级(HL)并结合组织和技术层级建立反馈过程关系图, 其反映了以下两方面的反馈过程因果关系:①组织培训行为、人员任务经历及组织的运行/维护流程更改行为对人员经验的影响;②人员经验对关键系统灾难性故障的影响。本建模的 HL 层级主要强调了两类无人机系统安全性关键性人员的贡献作用,下面对其做一说明。

1) 机组人员

如本书 2.1.2 节所述,"捕食者"无人机系统分为任务机组(MCE)和回收机组(LRE)两类。机组的基本任务是根据飞行大纲规划,依据飞行流程、飞行手册执行测试或日常飞行任务,依据应急处置流程对事故症候采取正确的判断操作尝试及预防措施(如提前回收,自动/手动操纵切换等),在事故征候不能排除时,启动应急流程,避免灾难性故障及事故的发生。

根据统计数据,以美国空军 MQ-1"捕食者"无人机为代表的大型无人机的任务机组的工作时间在典型无人机系统任务中占 80% 以上,其职责是通过卫星通信模式下的模式选择执行预定任务,其错误操作会引起卫星通信中断,并可能因为发动机或飞控模式选择错误导致动力或飞行状态异常从而诱发动力和/或飞控灾难性故障(如汽缸熄火、舵面卡阻等)。

回收机组负责从任务机组手中交接无人机,使用无线直连模式(LOS 模式)控制起降。回收机组的职业经验水平直接影响:①LOS 与卫星通信模式交接操作的正确性,避免卫星通链意外失联;②飞行控制的手动操纵指令的正确性(即所谓 rudder-elevator maneuvering);飞控系统功能中空速保持、高度保持功能从自动到手动模式切换的正确性,避免由于模式选择错误而导致飞行姿态的突然改变或未能正确跟随预设下滑或爬升轨迹;③动力系统手动操纵指令的正确性(如下滑油门、螺旋桨桨距角的位置设置)。需说明的是,大量的典型无人机系统运行数据表明,LOS 模式的链接截获成功主要依赖于卫星通信模式末段工作是否正常(即一旦卫星通信模式中断启动应急任务,在其他系统正常工作的情况下,LOS 重连率在 90% 以上),且 LOS 在起降端的可靠性在 96% 以上。故本 GUSDM 模型未将 LOS 作为系统特征纳入系统动力学建模中。

2) 维护人员

依照维护流程的要求负责机体、系统及任务载荷的地面维护和飞行前保障,并做好文档记录。其职业经验水平决定了组织预设的 MTBF 目标的满足度,从而对系统任务取消次数构成直接影响;其执行维护流程的正确性对无人机系统任务中的运行可靠性及系统故障风险构成直接影响。

如图 4.23 所示,该层级主要包含了 6 个平衡型回路,根据回路之间的反馈过程作用的远近,可将其分为以下 3 组。

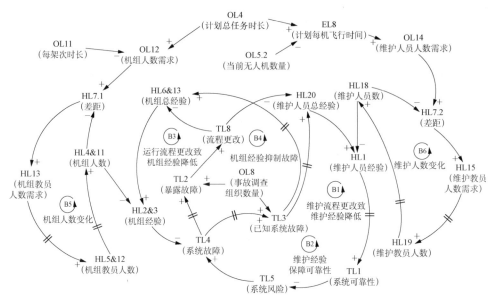

图 4.23　人员因素层级(HL)反馈过程因果图(CLD‐3)

(1) B1‐HL(HL1‐TL8‐HL20)与 B2‐HL(TL4‐TL3‐HL1):该回路组的关键节点是 TL4 和 HL20。

该二回路的建模原理相同。如 4.2.3 节所述,组织的事故调查行为(OL8)驱使的"事后安全性措施"中包括了对于维护流程的更改措施(TL8),从长期效应上看系统可靠性(理想值)将得到提高,但从短期效应来看由于维护人员对更改后流程的不熟悉,任务经验会随之降低,延迟实际的系统可靠性水平的提升。因此,最终的系统可靠性水平是由 B1‐HL 与 B1‐TL 共同影响的结果。有关该现象,在 4.2.2 节中将结合仿真模型开展进一步分析。

回路 B2‐HL 描述了维护人员从已知的系统故障中(事故调查向人员通报的结果)学习从而提升自身经验的过程,这一过程通常被以培训研究为主题的文献称为"自主再学习"[16,21],如图 4.24 所示。

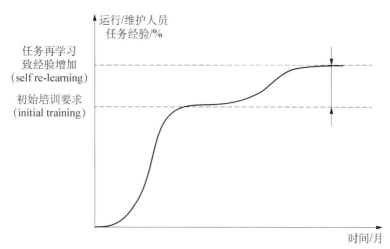

图 4.24   机组、维护人员任务再学习对经验影响反馈过程因果关系概念模型

（2）B3 – HL(HL2&3 – TL8 – HL6&13)，B4 – HL(TL4 – TL8 – HL1)：该回路组的关键节点为 TL4 和 HL6&13。

B3 – HL 与 B1 – HL 的建模原理类似；B4 – HL 与 B2 – HL 的建模原理类似。有所差异的地方在于机组经验对系统故障构成直接影响（HL2&3 $\xrightarrow{+}$ TL4）而维护人员经验影响系统可靠性及潜在系统风险对系统故障构成间接影响（HL1 $\xrightarrow{+(Delay)}$ TL1 $\xrightarrow{+}$ TL5 $\xrightarrow{+}$ TL4）。这一差异的建模依据来源于 Reason 在"瑞士奶酪模型"中将类似机组行为这样的直接影响因素归为"危险行为"以作为事故模型的第一层级（即最低层级）风险源，而将维护行为归为"危险行为前提"，列入事故模型的第二层级风险源。

（3）B5 – HL(HL4&7 – HL13 – HL5&12) 与 B6 – HL(HL15 – HL19 – HL18)：此二回路为独立平衡型反馈回路，具有相同的结构。

描述了组织对机组和维护人员培训行为对人员任务经验的影响。其基本建模概念来源于相关参考文献，如文献[23]，该模型说明了培训师资、设备的不足会对人员任务经验带来两方面影响，如图 4.25 所示：①人员任务经验可能经历一定程度的下降；②人员任务经验需经历较大延迟方能表现出提升变化。由于在回路中培训过程中存在的多重延迟环节（HL13 HL1 $\xrightarrow{+(Delay)}$ TL1 HL5&12 $\xrightarrow{+(Delay)}$ HL4&11；HL15 $\xrightarrow{+(Delay)}$ HL19 $\xrightarrow{+(Delay)}$ HL18），导致回路的输入端（人员人数需求，OL12 和 OL14）相对于输出段（人员任务经验，HL2&3 和 HL18）的反馈过程因果关系是非线性的。

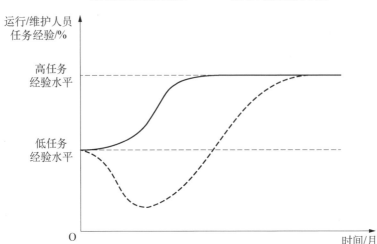

图 4.25 机组、维护人员培训对经验影响反馈过程因果关系概念模型

利用 4.2.3 节中以回收机组为例的仿真结果可以说明这一现象,如图 4.26 所示。在第 36 个月前,回收机组的人数需求(OL12)随计划飞行时间(OL14)的增长而增大,但在该阶段培训教员不足,这导致回收机组任务平均经验(HL3)不足。在稍后的时间上,随着每架次时长的增加(OL11),机组的人数需求下降,培训教员不足的影响削弱,机组经验上升,在第 168 个月以后,机组经验的绝大部分是通过 B4 - HL 所描述的任务经历积累而获得的。

正确理解无人机系统安全性风险因素导致构成无人机事故的机理能够为未来的无人机系统面向适航的安全管理和技术决策提供指导,然而传统事故模型和风险分析方法不能全面涵盖组织、人员和技术系统多层级风险因素。在本章中提出了引入基于动态反馈过程的系统动力学建模是揭示无人机系统安全性相关机理的途径。基于此思路,无人机系统安全性可以被视作"研制—维护—运行"过程中由组织(OL)、人员(HL)和技术系统(TL)层级形成的多重反馈过程作用结果在"浮现层级(EL)"的输出。"浮现层级"中的出勤率、事故率因素又反作用于上述 3 个层级构成闭合的回路。

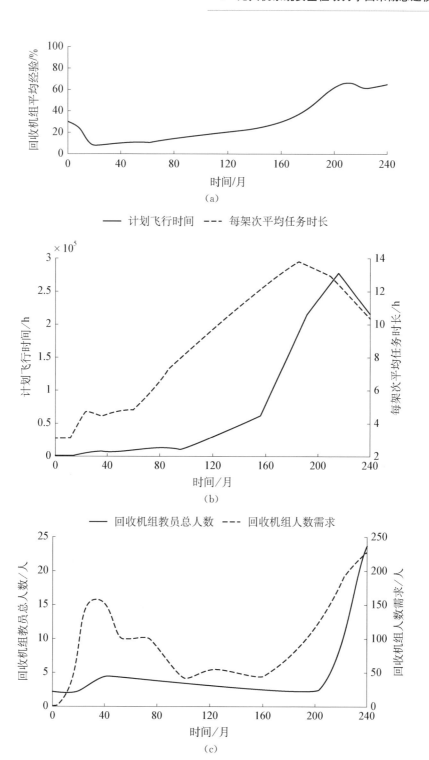

图 4.26 机组人员人数需求与机组人员经验的关系仿真曲线

4.3.4　基于层级的视图化因果关系模型

无人机系统安全性动力学因果关系模型共分为 3 个视图,如下所示:

(1) 组织层级与无人机任务出勤率、事故率层级视图(见图 4.27,CLD-1)。

(2) 人员层级视图(见图 4.28,CLD-2)。

(3) 技术系统层级视图(见图 4.29,CLD-3)。

此三层级间彼此联系,在图 4.27 中用虚线标明了层级之间的联系,构成了一个完整的通用的无人机系统动力学因果关系模型。

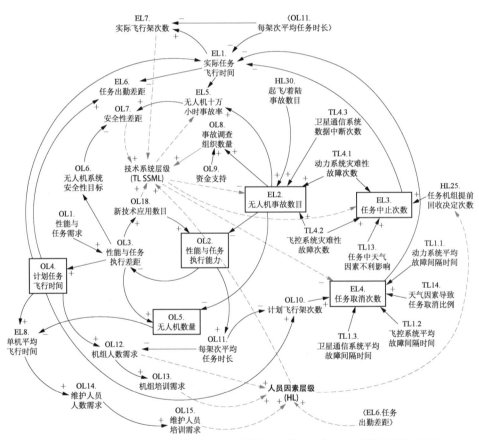

图 4.27　组织层级(OL)与无人机任务出勤率、事故率层级(EL)反馈过程关系图

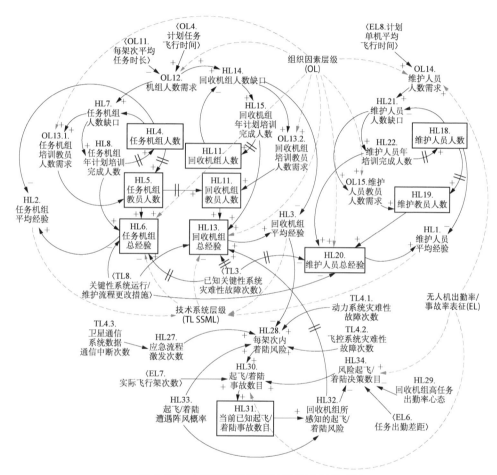

图 4.28　人员因素层级(HL)反馈过程关系图

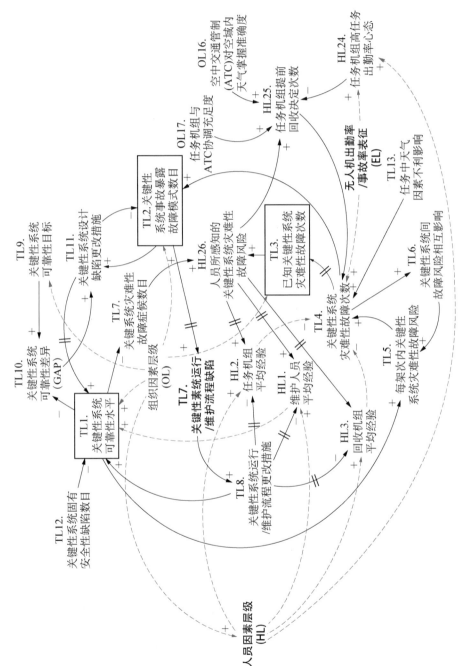

图 4.29　技术系统层级(TL)反馈过程关系图

4.4　本章小结

正确理解无人机系统安全性风险因素导致构成无人机事故的机理能够为未来的无人机系统面向安全性的管理和技术决策提供指导,然而传统事故模型和风险分析方法不能全面涵盖组织、人员和技术系统多层级风险因素。在本章中提出了引入基于动态反馈过程的系统动力学建模是揭示无人机系统安全性相关机理的途径。基于此思路,无人机系统安全性可以被视作"研制—维护—运行"过程中由组织、人员和技术系统层级形成的多重反馈过程作用结果在"浮现层级"的输出。该层级中的出勤率、事故数、任务时长等因素又反作用于上述 3 个层级,构成闭合的动态反馈回路组。本章建立了通用的无人机系统安全性动力学模型(GUSDM),该模型解释了以下风险产生的机理:

(1)无人机系统事故与实际任务时长之间的关系呈现由同向(初期)到反向(中后期)增长的两个过程,这主要是由于无人机采购行为的延迟和组织对计划总任务飞行时长和每架次飞行时长进行调整的结果。

(2)组织的"事后安全性措施"主要包括了技术设计与运行、维护流程更改,这一系列修正行为改善了关键性系统的可靠性,在初期有较为显著的安全性提升收益;随着暴露的系统故障逐渐降低,人员倾向于盲目自满状态,该措施的收益不具有长期性,安全性状态可能出现反弹。

(3)无人机系统的出勤率差距主要是由于维护和天气原因导致的任务取消所致,影响了机组的任务心态、抑制机组提前中止任务等预防性决策的产生,这解释了无人机系统在面临任务压力时事故率增高的原因。

(4)由于培训过程中的多重延迟环节作用,机组和维护人员人数需求和人员平均任务经验之间的关系非线性。机组任务经验直接影响无人机任务终止数,维护人员的任务经验对无人机系统可靠性构成影响从而间接影响无人机任务取消数。人员在任务过程中通过再学习使经验得到提高,而运行、维护流程的更改会导致短期内的任务经验下降。

参│考│文│献 ••

[1]　Leveson N G. A New Accident Model for Engineering Safer Systems [J]. Safety Science,2004,42(4):237 - 270.

［2］ Sterman J D. Business Dynamics：Systems Thinking and Modeling for a Complex World ［C］. Irwin/Mac-Graw Hill，Boston，2000.

［3］ 钟永光，贾晓菁，钱颖. 系统动力学(第二版)［M］. 北京：科学出版社，2013.

［4］ 张波，袁永根. 系统思考和系统动力学的理论与实践［M］. 北京：中国环境科学出版社，2010.

［5］ Goh Y M，Brown H，Spickett J. Applying Systems Thinking Concepts in the Analysis of Major Incidents and Safety Culture ［J］. Safety Scieence，2010，48(4)：302 - 309.

［6］ Ventana System Inc. VENSIM Reference Manual，Version 4 ［M］. MA：Harvard，2012.

［7］ Molennar K，Brown H，Caile S，et al. Corporate Culture：A Study of Firms with Outstanding Construction Safety ［J］. Professional Safety，2002(7)：18 - 27.

［8］ DoD. Unmanned Aerial Vehicles Roadmap，2009—2035 ［R］. Office of the Secretary of Defense，Department of Defense，Washington，DC，2001.

［9］ DoD. Unmanned Aerial Vehicles Roadmap，2000—2025 ［R］. Office of the Secretary of Defense，Department of Defense，Washington，DC，2001.

［10］ DoD. Unmanned Aerial Vehicles Roadmap，2002—2027 ［R］. Office of the Secretary of Defense，Department of Defense，Washington，DC，2002.

［11］ DoD. Unmanned Aircraft Systems Roadmap，2005—2030 ［R］. Office of the Secretary of Defense，Department of Defense，Washington，DC，2005.

［12］ DoD. Unmanned Aircraft Systems Roadmap，2007—2032 ［R］. Office of the Secretary of Defense，Department of Defense，Washington，DC，2007.

［13］ DoD. Unmanned Systems Integrated Roadmap，2011—2036 ［R］. Office of the Secretary of Defense，Department of Defense，Washington，DC，2011.

［14］ DoD. Unmanned Systems Integrated Roadmap，2013—2038 ［R］. Office of the Secretary of Defense，Department of Defense，Washington，DC，2013.

［15］ Montijo G A. Training interventions for reducing flight mishaps，The Interserive/Industry Training，Simulation，and Education Conference (I/ITSEC)［C］. 2009.

［16］ DoD. Report to Congress on Future Unmanned Aircraft Systems Training，Operation，and Sustainability ［R］. Under Secretary of Defense for Acquisition，Technology and Logistics，Department of Defense，Washington，DC，2012.

［17］ Gerlter J. US Unmanned Aerial Systems ［R］. Congressional Research Service Report for Congress，Department of Defense，Washington，DC，2012.

［18］ Williams K W. A Summary of Unmanned Aircraft Accident/Incident Data：Human Factors Implications ［R］. Civil Aerospace Medical Institute，FAA，Oklahoma City，OK，2004.

［19］ Tvaryanas A P. USAF UAV Mishap Epidemiology，1997—2003 ［R］. Presented at the Human Factors of Uninhabited Aerial Vehicles First Annual Workshop，Phoenix，AZ，May 24 - 25，2004.

［20］ Schaefer R. Unmanned Aerial Vehicle Reliability Study ［R］. Office of the Secretary of Defense，Washington，DC，2003.

［21］ Hobbs A，Herwitz S R. Human Challenges in the Maintenance of Unmanned Aircraft Systems［R］. NASA Research report DTFA01－01－X－02045，2006.

［22］ Perrow C. Complex Organizations：A Critical Essay［M］. New York：McGraw-Hill，1986.

［23］ Lu Y，Marais K B，Zhang S-G. Conceptual Modeling of Training and Organizational Risk Dynamics［J］. Procedia Engineening，2014,80：313－328.

5 无人机系统安全性动力学数值建模及仿真

无人机系统安全性动力学仿真对象需要体现"研制—维护—运行"过程中的风险因素,并具有现代无人机系统的代表性。"捕食者"无人机(MQ-1系列)是目前全世界无人机中累积飞行小时数首先达到10万小时(2002年)这一标志性运行水平的机型,截至2013年该机型共累积了146万飞行小时,美国空军是其主要运行单位(占90%以上)。美国空军具有较为完备的航空器事故统计系统,且70%以上的A类事故报告公开披露。在本章中,以美国空军MQ-1"捕食者"无人机系统机队为研究对象,应用了第4章中提出的"通用无人机系统安全性动力学模型(GUSDM)",建立了量化仿真模型,仿真结果与历史数据相吻合。

5.1 美国空军MQ-1"捕食者"无人机系统安全性数据来源

历史数据的范围完整性决定了从反馈过程因果关系(CLD)向仿真存量—流率模型(SFD)转化的合理性及考虑因素的系统性(即决定了建模边界和剪裁);历史数据的准确性通过SFD模型中的表函数参数(D)影响仿真结果与实际无人机系统安全性相关的"社会—技术系统"行为的差距。美国空军MQ-1"捕食者"无人机系统安全性动力学模型仿真的历史数据来源如下:

第一类:美国军用无人机系统发展路线图(roadmap),共包括了2000—2025年,2002—2027年,2005—2030年,2007—2032年,2009—2034年,2011—2036年,2013—2038年等官方文档。这些文档主要提供了以下数据,如附录表B.8所示。

(1) 各年计划及实际任务飞行时间(OL4,EL1)。

（2）各年计划及实际任务飞行架次数（OL10，EL7）。

（3）各年平均每架次飞行时长（OL11）。

（4）各年计划及实际无人机数量（OL5.1，OL5.2）。

（5）各年机组实际人数，任务机组和回收机组人数比例（HL2，HL3）。

（6）各年维护人员实际人数（HL1）。

（7）机组人员，维护人员平均培训时间（HL8，HL15）。

第二类：美国空军 MQ-1"捕食者"无人机 1994—2013 年间事故报告。

事故报告来源于美国空军 Safety Sustainablity Center 所公布的持续更新的"美国空军飞机事故调查委员会"公布的相关装备的事故报告。本书共统计了1994—2013 年(1994—2013 年财年)目前所能获得的官方通报的 82 个 A 类事故中的 59 个，共占 72%（各年已获得事故报告统计见附录 B.2）。从这些事故报告中可以统计如下关键信息：

（1）各年动力系统灾难性故障数目及原因（TL4.1）。

（2）各年飞控系统灾难性故障数目及原因（TL4.2）。

（3）各年卫星通信系统中断数目及原因（TL4.3）。

（4）各年着陆事故数目及原因（HL30），由于在捕食者无人机事故统计中，起飞阶段事故仅占总事故数的 3%，而着陆阶段事故占总事故数的 25% 至46%，故本节建模仅关注着陆阶段事故。

上述关键性系统故障数及着陆事故数详见附表 B.2 附表 9—13。

第三类：针对美国空军 MQ-1"捕食者"无人机系统"研制—维护—运行"过程的安全性、可靠性相关的研究文献。

5.2　因果图模型的剪裁与流率—存量图建模

"捕食者"无人机系统安全性动力学模型基于 4.2 节中 GUSDM 模型所提出的 4 个层级的因果回路图，建立支持量化仿真计算的存量—流率模型，将定性化描述性的 CLD 模型转化为可量化仿真的 SFD 模型，主要包含三步工作。

5.2.1　流率—存量图边界选择与剪裁

基于美国空军 MQ-1"捕食者"无人机系统的历史运行数据，本模型的边界由以下 4 个关键参数决定。

（1）各年计划任务飞行时间（OL4）。

（2）计划无人机数量（OL5.1）。

（3）各年计划任务飞行架次数（OL10）。

（4）各年平均每架次飞行时长（OL11）。

以上参数作为组织层级的输入数据，通过插值查表函数输入 SFD 模型（见4.1.3 节所述）。SFD 模型根据 5.1 节中所提供的历史数据，对待量化的因素进行确认（validation），选择具备量化可能性和必要性的因素，并据此对 CLD 模型进行剪裁。本书据此提出的剪裁后的 CLD 模型的构成如图 5.1 所示。

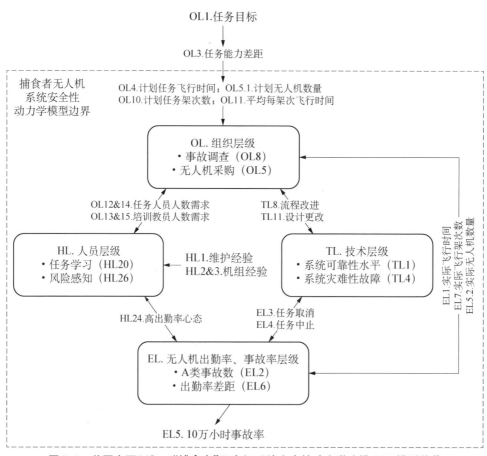

图 5.1　美国空军 MQ‑1"捕食者"无人机系统安全性动力学建模 CLD 模型剪裁

5.2.2　模型参数与变量辨识

基于剪裁后的 CLD 模型对待量化的 SFD 模型中的因素进行分类。在本书

中,这些因素分为参数(parameter)和变量(variable)两类,共 5 种:

(1) 常数参数(C),主要包含两类:①表征延迟环节强弱,如无人机采购所需时间(OL5C2);②积累变量初值,如任务机组总人数初值(HL4C1)。

(2) 表函数参数(D),对系统的历史运行数据的建模,作为 SFD 模型的输入,如计划任务飞行时间(OL4D1),计划无人机数量(OL5D1)等。

(3) 积累变量(S),如无人机实际数量(OL5S1),无人机系统可靠性水平(如 TL1.3S2 卫星通信系统实际 MTBF)等,是决定系统行为的关键变量,借助积分函数对其进行建模。积累变量依赖于前一时刻的值。

(4) 流率变量(F),是直接改变积累变量的变量,反映了积累变量输入或输出的速度。如任务机组人员的扩充率(HL4F1)与退役率(HL4F2)是决定任务机组人员总数(HL4S1)的流率变量。

(5) 辅助变量(A),由其他变量或参数决定,是 SFD 仿真计算中的中间变量,如任务机组平均经验(HL2A1)由两个积累变量——任务机组总经验(HL6S1)和任务机组总人数(HL4S1)决定的。

应用 GUSDM 模型开展美国空军 MQ-1"捕食者"无人机系统安全性动力学 SFD 建模中存量—流率转换的关键部分包含了:

(1) 机组人员经验形成过程。

(2) 维护人员经验形成过程。

(3) 关键系统灾难性故障形成过程,现分述如下。

5.2.2.1 机组人员经验形成过程

该过程的 SFD 模型如附图 B.2 所示。参照 Cooke 等经典研究中对人员经验的建模方法[1-3],本 SFD 模型中人员经验的基本表达式为

$$人员平均任务经验(\%) = \frac{人员总任务经验(\% \times 人)}{人员总人数(人)} \tag{5.1}$$

式中,人员总任务经验和人员总人数均为积累变量 S。依据 GUSDM 中 B_{3-HL},B_{5-HL} 回路的建模原理并根据"捕食者"无人机运行历史中机组人员相关数据,本模型将机组人员的总任务经验的影响因素分为 4 个部分(维护人员与之类似):①新机组人员初始培训致经验增加;②机组任务经历导致经验增加;③机组人员经验自然退化;④机组人员退役导致经验流失。SFD 建模如图 5.2 所示,并分述如下。

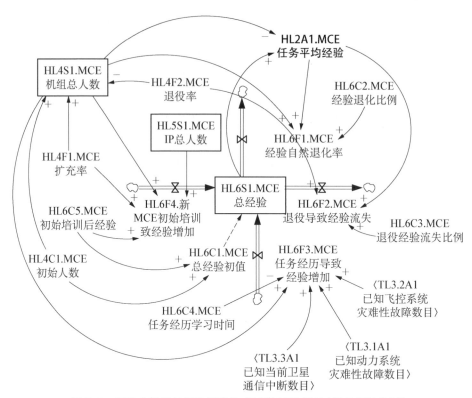

图 5.2　机组人员任务平均经验构成过程 SFD 图(以任务机组为例)

(1) 初始培训致使经验增加(HL6F4,HL13F4)。

这是通过机组教员(MCE IP, LRE IP)开展的(其实施方式包括了课程与模拟器培训两类,在本模型中将此技术细节略去),以 HL6F4 为例,其概念表达式如下。

$$\text{HL6F4} \propto \text{HL6C5} \cdot \text{HL4F1} \cdot \text{HL5S1} \qquad (5.2)$$

其中 HL6C5 为任务机组初始培训后经验,HL4F1 为任务机组扩充率,HL5S1 为任务机组教员人数。机组教员人数(HL5S1,HL12S1)的建模依据文献[4]中所述美国空军 MQ-1"捕食者"无人机系统运行过程中机组人员选拔机制:任务机组教员从任务机组中选拔,回收机组教员从任务机组教员中选拔,如图 5.3 所示。

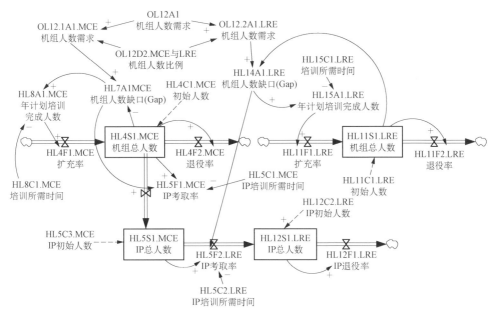

图 5.3　机组教员选拔机制 SFD 模型

（2）任务经验致使经验增加（HL6F3，HL13F3）。

这是通过对任务中出现的关键性系统故障的学习，从而得到任务经验在初始培训基础上的提升（见 4.3.3 节中 B2 - HL）。以 HL6F3 为例，其概念表达式如下。

$$HL6F3 \propto DELAY1(\sum_{i=1}^{3} TL3.iA1, \ HL6C4) \tag{5.3}$$

式中，TL3.iA1 为第 i 个关键系统已知故障数目，HL6C4 为任务机组任务经历学习时间。

（3）机组人员经验自然退化（HL6F1，HL13F1）。

依据参考文献[5,6]，相对于任务机组所执行的以依照流程的"模式切换"为主要任务（闭环任务），回收机组的任务中很大比例存在物理性、开环任务（如起降人工操纵），其经验的自然退化比例要高于任务机组。

（4）机组人员退役导致经验流失（HL6F2，HL13F2）。

该变量由机组人员退役率（HL4F2，HL11F2）及人员任务平均经验（HL2A1，HL3A1）构成。本书在 4.3.2 节中列举了一个以回收机组人员初始总人数（HL11C1）为例的初值极限测试（EPT）来验证该部分 SFD 建模相对于 GUSDM 概念模型的符合性。

5.2.2.2　维修人员经验形成过程

依据 GUSDM 模型中 B2 - HL 与 B6 - HL 回路的建模原理,维护人员与机组人员任务经验的构成相似,其差别主要体现在:

(1) 新维护人员初始经验(HL20C4)的获得方式与机组人员初始经验获得方式(HL6F4,HL13F4)存在差别。

根据美国空军 MQ - 1"捕食者"无人机运行过程中的组织特点(降低维护成本要求且提高实际维护人员数目),维护人员是采用生产商指导军方维护人员,军方通过合同雇佣承包商维护人员与军方维护人员共同工作的形式,不存在实际意义上的"维护教员"[4]。根据相关公开文献的统计进行合理推测,可以得到各年生产商维护人员(manufacturer company maintainer,MCM),军方维护人员(military service maintainer,MSM)及外包维护人员(contractor company maintainer,CCM)的人数占当年新员工比例(见图 5.4)。

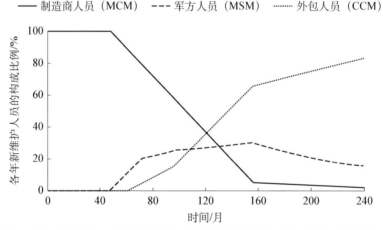

图 5.4　美国空军 MQ - 1"捕食者"无人机系统 3 类维护人员占新员工比例历史数据

GUSDM 模型的 B6 - HL 回路的 SFD 模型如附录表 B.3 所示,通过仿真结果可以复现维护人员人数(HL18A1)变化的历史过程,如图 5.5(a)所示。由图可见,维护人员比例变化的总趋势是生产厂商维护人员逐年减少,军方维护人员作为中间过渡状态,但是随着计划每机平均飞行时间(EL8)的逐年提高,军方和承包商维护人员逐渐增多以满足维护人员人数的要求(OL14)。然而,由于 3 类维护人员的初始经验呈现递减关系,这一组织行为会使整体的维护人员平均经验(HL1A1)处于相对较低的水平,如图 5.5(b)所示。

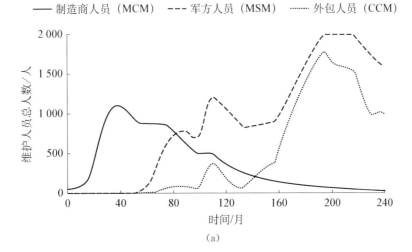

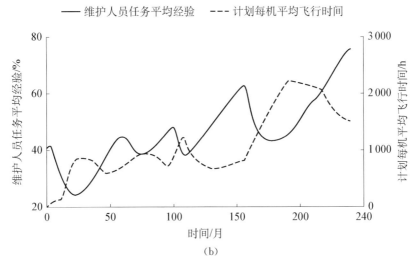

图 5.5 美国空军 MQ‑1"捕食者"无人机维护人员数目

(a) 及平均任务经验变化 (b) 仿真

(2) 维护指令、流程更改措施对维护人员总经验的影响(HL20F4)。

如 GUSDM 模型中 B1‑HL 回路所述,且根据"捕食者"无人机事故报告中与维护指令、流程更改相关的事故案例的提示将该现象纳入建模中,其概念表达式如下。

$$HL20F4 \propto DELAY1\left(\sum_{i=1}^{3} TL8.iA2, HL20C7\right) \quad (5.4)$$

式中 $TL8.iA2$ 为第 i 个关键系统维护指令更改措施数目,HL20C7 为维护指令学习时间。以上维护人员经验形成过程与机组人员建模之间的区别如附录图B.3"维护人员经验形成过程视图（SFD-3）"所示。该部分 SFD 建模的GUSDM 概念符合性验证和4.2.3.1 节类似。

5.2.2.3　关键系统灾难性故障形成过程

本 SFD 建模根据美国空军 MQ-1"捕食者"无人机系统的事故历史数据对动力系统、飞控系统及卫星通信系统这三大系统安全性关键系统进行建模。在将 GUSDM 模型的技术系统层级反馈过程因果图（CLD）向存量—流率图转化的过程中，通过增加必要的参数、变量来是实现以下两个系统安全性动力学特征的模拟的前提。下面以动力系统作为代表对这一建模过程进行介绍。

如4.3.2 节中所述，本 GUSDM 模型用 MTBF 来表征系统的可靠性水平。在 SFD 建模中将系统可靠性水平（TL1）这一 CLD 概念通过引入"关键性系统理想 MTBF（TL1.iS1，i=1，2，3，分别代表不同的关键性系统）"与"关键性系统实际 MTBF（TL1.iS2）"两个积累变量进行存量—流率转换，以动力系统建模为例，如图5.6 所示。

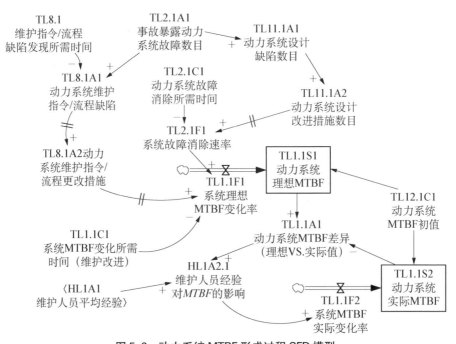

图5.6　动力系统 MTBF 形成过程 SFD 模型

其中，关键性系统维护指令、流程缺陷更改措施（TL8.iA2）的 SFD 建模分为两部分，以动力系统建模为例，如图 5.7 所示。

（1）TL8.iA2 对关键性系统理想 MTBF(TL1.iS1)的影响与关键性系统设计缺陷改进措施数目(TL11.iA2)影响的建模方式类似，均通过改变 TL1.iS1 的流率变量(TL1.iF1)来描述（见 4.3.2 节中 B1 - TL 与 B3 - TL 回路）。

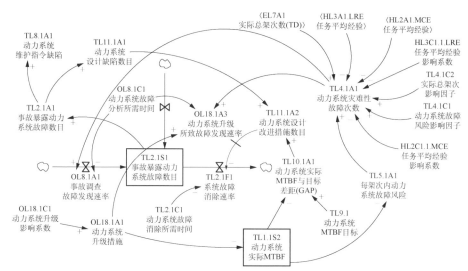

图 5.7　事故暴露关键性系统故障数目形成过程 SFD 模型

（2）借助 TL1.iS2 来描述维护人员任务平均经验(HL1A1)对系统可靠性水平的影响（见 B2 - HL 回路）。关键性系统实际 MTBF(TL1.iS2)概念表达式如下。

$$TL1.iS2 \propto TL12.iC1 + k \int_{t=0}^{t} HL1A1 \cdot TL1.1A1 \mathrm{d}t \qquad (5.5)$$

式中：TL12.iC1 为关键系统 MTBF 初值，TL1.1A1 为关键系统实际与理想 MTBF 差异。

关键性系统设计缺陷改进措施(TL11.iA2)的建模也为两部分：

（1）由事故调查发现关键性系统故障速率(OL8.iA1)及 TL11.iA2 所驱使的系统故障消除速率(TL2.iF1)构成积累变量事故暴露关键性系统故障数目(TL2.iS1)，TL2.iS1 再驱动 TL11.iA2（见 4.3.2 节中的 B4 - TL 回路）。

（2）TL11.iA2 同时也是关键性系统实际 MTBF 与目标 MTBF 存在差距而驱动的组织"事后安全性措施"的结果（见 4.3.2 节中 B3 - TL 回路，目标

MTBF 来源于美国空军 MQ-1"捕食者"无人机运行历史数据）。该变量概念表达式如下式。

$$TL11.iA2 \propto TL10.iA1 \cdot (1 + k \cdot TL2.iA1) \tag{5.6}$$

式中，$TL10.iA1$ 为关键性系统实际 MTBF 与目标差异，$TL2.iA1$ 为事故暴露关键性系统故障数目。以动力系统为例的上述相关变量的 SFD 仿真结果对比如图 5.8 所示。引入 $TL1.iS1$ 与 $TL1.iS2$ 两个积累变量的描述方式在本 SFD 建模中起到了两个作用：①描述了维护指令、流程更改措施作为维护行为前提决定 MTBF 基础水平的特征；②限制了维护人员平均经验在仿真计算上对关键性系统实际 MTBF 可能带来的不真实影响。

在 5.3.2 节中列举了一个以动力系统理想 MTBF 为例的初值极限测试（EPT）来验证该部分 SFD 建模相对于 GUSDM 概念模型的符合性。

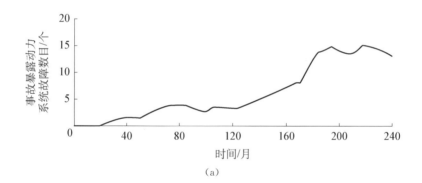

（a）

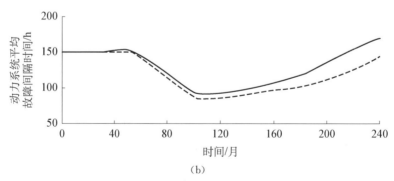

（b）

图 5.8　事故暴露动力系统故障数目

（a）与动力系统理想/实际 MTBF　（b）仿真曲线

5.2.3 基于分视图的流率—存量图建模

美国空军 MQ-1"捕食者"无人机系统安全性动力学 SFD 模型共分为以下 7 个视图,如附录 B.1 所示。其中跨视图引用的参数/变量标以"〈参数/变量名〉":

(1) 组织层级与无人机任务出勤率、事故率层级视图(见图 B.1,SFD-1)。

(2) 机组人员经验形成过程视图(见图 B.2,SFD-2)。

(3) 维护人员经验形成过程视图(见图 B.3,SFD-3)。

(4) 动力系统灾难性故障形成过程视图(见图 B.4,SFD-4)。

(5) 飞控系统灾难性故障形成过程视图(见图 B.5,SFD-5)。

(6) 卫星通信系统通信数据中断形成过程视图(见图 B.6,SFD-6)。

(7) 着陆灾难性事故形成过程视图(见图 B.7,SFD-7)。

5.3 仿真结果验证

基于系统动力学理论对系统行为模型建模仿真结果检验的要求[7-8],在获得了具备仿真计算能力的 SFD 模型后,应开展以下 3 类工作对从因果概念模型向存量—流率模型转化的合理性和仿真结果的准确性进行检查,在此基础上基于历史数据进行验证(verification)。根据本书所统计的美国空军 MQ-1"捕食者"无人机系统历史数据的时间跨度为 1994—2013,本仿真的时间轴取为 240 个月。需说明,历史数据中的"年"为美国政府和空军数据统计的常用单位"财年(financial year,FY)":以前一年 10 月 1 日起至当年 9 月 30 日止,如 2000 财年是指 1999 年 10 月 1 日至 2000 年 9 月 30 日,上述历史数据如附录 B.2 所示。

5.3.1 数值仿真方法及步长选择

本书选取了当前无人机数量(OL5S1)及当年无人机事故损失数(EL2A1)两个变量进行数值积分和仿真步长选择的对比。如表 5.1 至表 5.4 所示。

表 5.1 数值仿真方法选择对比(当前无人机数量/架(OL5S1),仿真步长＝0.25 月)

数值积分	第 0 个月	第 60 个月	第 120 个月	第 180 个月	第 240 个月
1. 欧拉法(后项)	2	14.429 9	54.413 7	109.763	157.272
2. 四阶龙格库塔法	2	14.404 5	53.567 5	108.686	158.46
1 相对 2 误差(%)	0	0.176	1.580	0.991	−0.750

表 5.2   数值仿真方法选择对比(当前无人机数量/架(OL5S1),仿真步长 = 0.062 5 月)

数值积分	第 0 个月	第 60 个月	第 120 个月	第 180 个月	第 240 个月
3. 欧拉法(后项)	2	14.443 2	53.871 1	108.867	158.076
4. 四阶龙格库塔法	2	14.419 6	53.747 3	108.742	158.321
3 相对 4 误差(%)	0	0.164	0.230	0.115	−0.155
1 相对 3 误差(%)	0	−0.092	1.00	0.823	−0.508
2 相对 4 误差(%)	0	−0.105	−0.335	−0.051 5	0.087 8

表 5.3   数值仿真方法选择对比(当年无人机事故损失数/架(EL2A1),仿真步长 = 0.25 月)

数值积分	第 0 个月	第 60 个月	第 120 个月	第 180 个月	第 240 个月
1. 欧拉法(后项)	0	3.125 21	2.835 93	12.987 8	7.826 14
2. 四阶龙格库塔法	0	3.189 2	2.817 58	13.000 9	7.803 49
1 相对 2 误差(%)	0	−2.00	0.651	−0.101	0.290

表 5.4   数值仿真方法选择对比(当年无人机事故损失数/架(EL2A1),仿真步长 = 0.062 5 月)

数值积分	第 0 个月	第 60 个月	第 120 个月	第 180 个月	第 240 个月
3. 欧拉法(后项)	0	3.133 67	2.815 53	12.886 2	7.794 47
4. 四阶龙格库塔法	0	3.149 79	2.814 33	12.905 1	7.789 67
3 相对 4 误差/%	0	−0.512	0.042 6	−0.146	0.061 6
1 相对 3 误差/%	0	−0.270	0.724	0.788	0.406
2 相对 4 误差/%	0	1.25	0.115	0.742	0.177

　　通过以上对比可见,以当年无人机事故损失数(EL2A1)为例的处于 SFD 模型的末态变量的计算误差判断,选择偏大的仿真步长的误差最大值可达1.25%,在大步长时欧拉法相对于四阶龙格库塔法(RK4)误差最大值可达−2.00%,在小步长时该误差最大值减小到 −0.512%。考虑到 RK4 的仿真计算所需时间较长,本书在 SFD 仿真时选用步长为 0.062 5 月的欧拉法进行数值积分计算。

5.3.2 初值极限及参数敏感性分析

初值极限是指 SFD 模型仿真计算中的常数参数 C 处于极限状态的情况。在本 SFD 系统动力学模型中，常数参数的作用有以下 3 类：

（1）积累变量 S 的初值，如任务机组初始人数（HL4C1）；

（2）带延迟环节的变量（含辅助变量 A 与流率变量 F）的延迟时间，如任务机组任务经历学习时间（HL6C4）；

（3）辅助变量 A 的影响系数，如机组任务平均经验对卫星通信中断的影响系数（HL2C1.3）。

从系统行为的角度来看，初值极限是对系统中政策相关因素的建模，故也称作"极限政策（EPT）"。初值极限测试能够对模型中反馈回路结构合理性进行测试。下面以两个示例对 EPT 测试进行说明。

1）动力系统 MTBF 初值（TL12.1C1）由基准值 150 h 降为 75 h

仿真结果如图 5.9 所示。当 TL12.C1 降为 75 h（极端异常减小）后，在第 90 个至 160 个月间时动力系统实际 MTBF（TL1.3S2）极低（接近 0 h），在此极限政策状态下，即 4.3.2 节技术层级 CLD 图中的关键性系统固有安全性缺陷（TL12），动力系统灾难性故障风险（TL5.1A1）为 100%，其导致任务取消次数（EL3A1）激增，进而导致实际总任务飞行时间（EL1A1）为 0，即图中蓝色曲线贴近 X 轴；但是由于技术层级中动力系统设计改进措施（TL11.1A2）同时还由动力系统实际 MTBF 与目标 MTBF 的差距（TL10.1A1）驱动，系统的实际 MTBF 会逐步回升（第 160 个月后），从而导致实际任务飞行时间逐步增加。这一 EPT 测试表明了本 SFD 模型中此部分相关因素的存量—流率转化相对于 GUSDM 模型中反馈过程因果关系概念的符合性。

2）回收机组初始总人数（HL11C1）从基准值 6 人增加为 200 人

仿真结果如图 5.10 所示。由图可见，当回收机组初始人数扩大 33 倍后（极端异常扩大）只影响了动力学系统的初始阶段行为，而中后期的系统行为是受回收机组总人数需求影响的（OL12.2A1），而这又是受计划任务总飞行时间（OL4D1）所驱使的（见 4.3.3 节 CLD 模型），故初值的改变对中后期的系统动力学行为影响逐步减小。EPT 测试表明了本 SFD 模型中此部分相关因素的存量—流率转化相对于 GUSDM 模型中反馈过程因果关系概念的符合性。

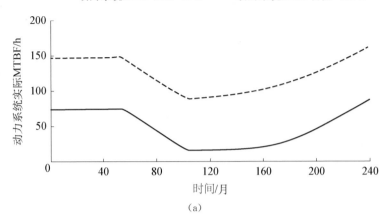

（a）

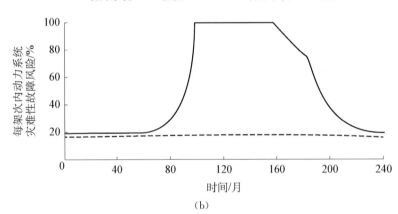

（b）

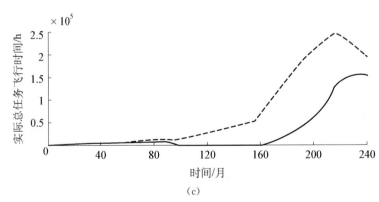

（c）

图 5.9　初值极限测试结果示例 1——动力系统初始平均故障间隔时间（TL12.1C1）

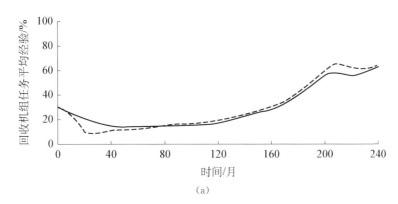

（a）

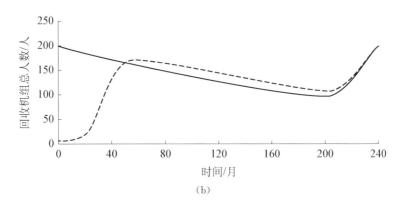

（b）

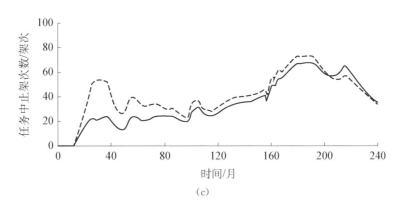

（c）

图 5.10　初值极限测试结果示例 2——回收机组初始总人数（TL12.1C1）

5.3.3　变量可信区间检查

中间变量的可信区间是指 SFD 模型仿真计算中的积累变量(S)、辅助变量(A)的变化范围应处于相对合理的建模概念范围:

(1) 对于存在可验证数据的变量,应检查其误差值。

(2) 对于概念性中间变量,检查其量级及变化趋势与概念模型的吻合度。

安全性动力学建模中存在了大量的中间变量,且其表达式多为概念性的量化方程,因此基于无人机系统安全性的历史数据和相关建模概念进行可信度检查决定了仿真结果的可信度。如存在不合理的情况,需要通过调整模型结构和变量定义进行迭代修正。在此步骤中,应对所有 S 和 A 类变量的可信区间进行检查,其中关键性变量的检查结果如表 5.5 和表 5.6 所示。检查表明仿真结果与概念模型相吻合。

表 5.5　OL 与 EL 层级关键变量可信度检查结果

变量名称	可信区间检查依据	第 12 个月	第 60 个月	第 120 个月	第 180 个月	第 240 个月
无人机当前总数量 OL5S1	与实际当年无人机数量数据差值/%	−1.08	−5.98	−4.50	−2.37	1.16
机组人数需求 OL12A1	与实际当年机组人数数据比例	2.63	0.856	0.700	0.954	1.13
维护人员人数需求 OL14A1	与实际当年维护人员人数数据比例	2.39	1.12	1.04	1.20	1.086
任务中止架次数 EL3A1	与实际当年任务架次数数据比例	0.003	0.032 8	0.008 70	0.008 63	0.002 05
任务取消架次数 EL4A1		0.568	0.334	0.225	0.188	0.132

表 5.6　TL 层级关键变量可信度检查结果

变量名称	可信区间检查依据	第 12 个月	第 60 个月	第 120 个月	第 180 个月	第 240 个月
动力系统实际 MTBF TL1.1S2	与实际当年 MTBF 数据差值/%	0	22.9	7.41	−9.83	−2.37
飞控系统实际 MTBF TL1.2S2	与实际当年 MTBF 数据差值/%	−0.393	−1.65	−1.23	−2.03	0.077 5
卫星通信系统实际 MTBF TL1.3S2	与实际当年 MTBF 数据差值/%	0.063	−4.13	−3.82	−5.86	−3.24

　　在技术系统和人员层级,风险类变量的可信区间应在[0,100%]范围内,本SFD仿真的结果如图5.11和图5.12所示。此外,根据人员任务平均经验的定义,此类变量变化区间应在[0,100%]范围内,本SFD仿真的结果如图5.13所示。由此可见,本SFD仿真的关键性变量的可信度符合第4章构建的因果模型概念。

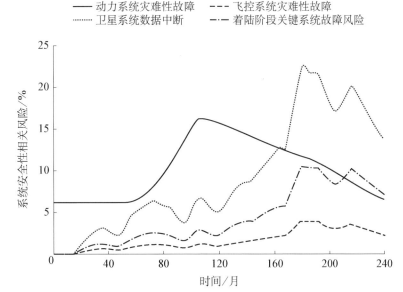

图 5.11　相关系统风险因素量级检查(依次为 TL5.1A1,TL5.2A1,TL5.3A1 及 HL28.A1)

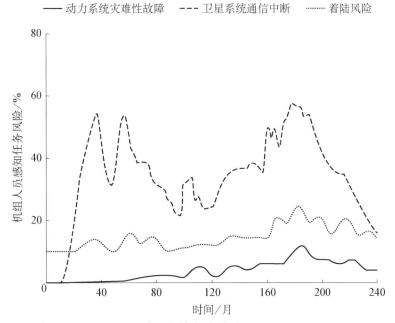

图 5.12　相关人员感知风险因素量级检查(依次为 HL26.1A1,HL26.3A1,HL32A1)

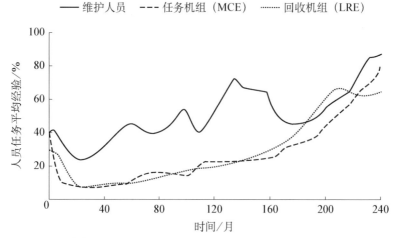

图 5.13　相关人员任务平均经验的量级检查(依次为 HL1A1，HL2A1，HL3A1)

5.3.4　仿真结果与历史数据的对比验证

在通过了上述校验后,可获得下列关键性因素的仿真结果,并将之与美国空军 MQ‐1"捕食者"无人机运行历史数据(见附录 B.2)进行对比,如图 5.14 所示。

在以上仿真结果中,图 5.14(c)"捕食者"无人机系统灾难性事故数 (EL2A1)在第 120 个月、第 160 个月至第 200 个月之间存在 28.6%～45.5%的偏差的原因是灾难性事故数的计算基于事故报告中分析的动力、飞控及卫星各分系统灾难性故障对无人机整机灾难性故障数的贡献权重求和所得,如下式所示。

$$EL2A1 = \sum_{i=1}^{3} k_i \cdot TL4.iA1 + HL30A1$$

式中,1,2,3 分别代表动力、飞控和卫星系统,且有 $k_1 = 0.4$, $k_2 = 1$, $k_3 = 0.1$。由于事故中存在关键系统之间的故障相互诱发现象(如 4.3.2 节中 $R_{1\text{-TL}}$ 回路所示),如当无人机动力系统出现灾难性故障时往往会引发飞控系统的灾难性故障。因此采用上述的固定权重计算方式将会计入重复的灾难性故障数,如修正这一误差,可结合具体的事故报告统计结果采用非固定权重计算。

图 5.14 中的其他变量的仿真结果与历史数据具有相对较好的吻合度,这表明了本 SFD 建模可以较真实地反映美国空军 MQ‐1"捕食者"无人机系统安全性动力学历史行为,这验证了 GUSDM 模型的合理性。

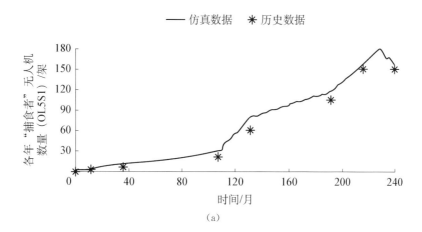

（a）

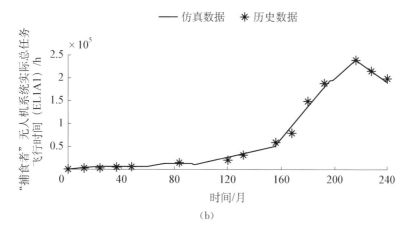

（b）

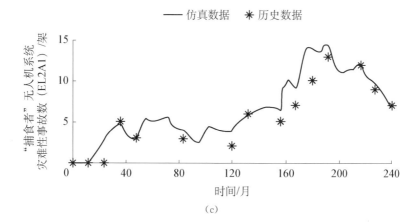

（c）

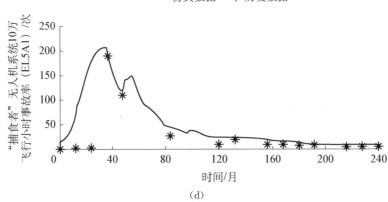

（d）

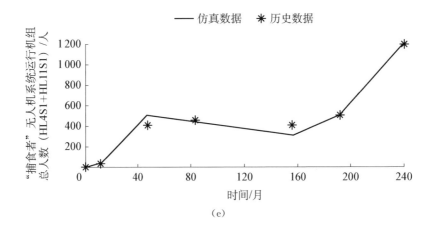

（e）

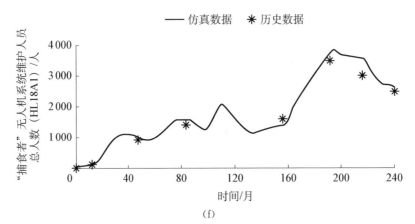

（f）

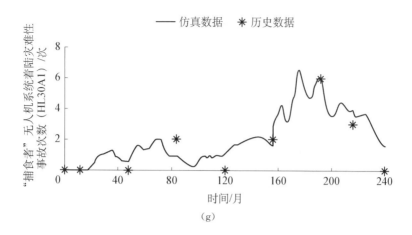

（g）

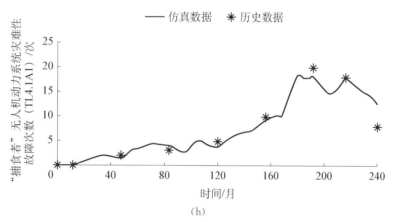

（h）

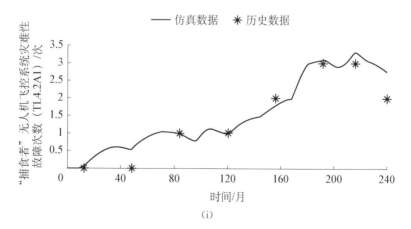

（i）

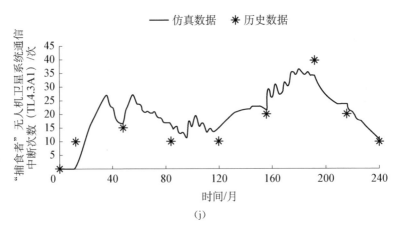

图 5.14　美国空军 MQ‑1"捕食者"无人机系统安全性动力学仿真结果与历史数据的对比

5.4　基于场景仿真的政策建议

在完成了 EPT 测试的基础上的参数（政策）敏感性（policy sensitivity test, PST）测试有助于生成模型结构的更正需求，使系统的行为仿真结果符合概念模型预期。EPT 和 PST 的测试通常是采用"策略型场景"的形式开展的。

本节基于 GUSDM 模型的建模概念选取了代表性常数参数作为策略场景的输入及本仿真能够被历史数据所验证的系统行为变量作为策略场景的输出。以下列举了具有代表性的 5 个策略场景（见表 5.7），测试结果如表 5.8—表 5.12 所示。

表 5.7　初值极限及参数敏感性测试策略场景定义

编号	策略场景定义	基准场景取值	策略场景取值
SS1	初始机组及教员人员数目增加	HL4C1 = 6 HL11C1 = 3 HL5C3 = 3 HL12C2 = 2	HL4C1 = 12 HL11C1 = 6 HL5C3 = 6 HL12C2 = 4
SS2	维护人员培训后初始任务经验增加（培训措施改进）	HL20C1 = 40 HL20C2 = 30 HL20C3 = 20	HL20C1 = 60 HL20C2 = 45 HL20C3 = 30

（续表）

编号	策略场景定义	基准场景取值	策略场景取值
SS3	组织事故调查所用时间缩短	OL8.1C1 = 5 OL8.2C1 = 5 OL8.3C1 = 5 OL8.1C2 = 12 OL8.2C2 = 12 OL8.3C2 = 12 OL8.4C1 = 12	OL8.1C1 = 2.5 OL8.2C1 = 2.5 OL8.3C1 = 2.5 OL8.1C2 = 6 OL8.2C2 = 6 OL8.3C2 = 6 OL8.4C1 = 6
SS4	出勤率差距对人员高出勤率心态影响力减弱	HL24.1C2 = 1 HL24.3C2 = 1 HL29C1 = 1	HL24.1C2 = 1.5 HL24.3C2 = 1.5 HL29C1 = 1.5 ［注：出勤率差距 EL6A1 范围为(0,1)，故取值应增大］
SS5	动力系统 MTBF 初值提高	TL12.1C1 = 150	TL12.1C1 = 200

表 5.8　策略场景相对于基准场景仿真结果对比 1(SS1 策略场景)

变　量	第 0 个月	第 12 个月	第 60 个月	第 120 个月	第 180 个月	第 240 个月
任务机组任务平均经验 HL2A1	0	10.8%	9.12%	8.92%	6.42%	0.26%
回收机组任务平均经验 HL3A1	0	30%	51.0%	5.1%	2.84%	1.1%
动力系统灾难性故障次数 TL4.1A1	0	−50.1%	−37.9%	−1.37%	−0.685%	−0.256%
着陆事故数目 HL30A1	0	−10.3%	−68.9%	−5.8%	−2.6%	−1.4%
当年 10 万小时事故率 EL5A1	0	−48.6%	−46.9%	−0.985%	−2.015%	−2.06%
任务机组任务平均经验 HL2A1	0	10.8%	9.12%	8.92%	6.42%	0.26%

表 5.9　策略场景相对于基准场景仿真结果对比 2(SS2 策略场景)

变　　量	第 0 个月	第 12 个月	第 60 个月	第 120 个月	第 180 个月	第 240 个月
维护人员平均经验 HL1A1	25.0%	24.8%	20.2%	28.4%	24.1%	16.3%
任务取消架次数 EL4A1	0	−1.02%	−3.56%	−6.31%	7.89%	−10.1%
任务中止架次数 EL3A1	0	−0.892%	−1.55%	−5.67%	−10.4%	−10.3%
当年 10 万小时事故率 EL5A1	0	−1.25%	−2.14%	−3.21%	−3.36%	−5.6%

表 5.10　策略场景相对于基准场景仿真结果对比 3(SS3 策略场景)

变　　量	第 0 个月	第 12 个月	第 60 个月	第 120 个月	第 180 个月	第 240 个月
任务机组任务平均经验 HL2A1	0	2.05%	4.56%	6.25%	9.45%	10.98%
回收机组任务平均经验 HL3A1	0	2.52%	3.12%	4.56%	6.54%	7.80%
维护人员平均经验 HL1A1	0	1.35%	5.58%	9.25%	7.56%	5.23%
当年 10 万小时事故率 EL5A1	0	−1.15%	−3.56%	−7.85%	−12.84%	−5.51%

表 5.11　策略场景相对于基准场景仿真结果对比 4(SS4 策略场景)

变　　量	第 0 个月	第 12 个月	第 60 个月	第 120 个月	第 180 个月	第 240 个月
动力系统故障征候导致提前回收的次数 HL25.1A1	0	3.56%	7.58%	15.6%	21.46%	31.5%
卫星通信系统故障征候导致提前回收的次数 HL25.3A1	0	2.3%	13.7%	24.4%	31.5%	41.2%

（续表）

变　　量	第0个月	第12个月	第60个月	第120个月	第180个月	第240个月
风险着陆决策数 HL34A1	0	−6.45%	−15.27%	−19.85%	−25.45%	−34.9%
当年10万小时事故率 EL5A1	0	−1.07%	−13.8%	−14.0%	−13.6%	−13.9%

表5.12　策略场景相对于基准场景仿真结果对比5(SS5策略场景)

变　　量	第0个月	第12个月	第60个月	第120个月	第180个月	第240个月
动力系统灾难性故障次数 TL4.1A1	0	−11.5%	−9.22%	−10.6%	−8.52%	−6.15%
每架次内着陆风险 HL28A1	0	−11.3%	−9.1%	−10.8%	−7.69%	−6.47%
导致提前回收的次数 HL25.1A1	0	−47.5%	−47.3%	−60.3%	−55.6%	−41.2%
当年10万小时事故率 EL5A1	0	−5.51%	−5.26%	−5.40%	−3.30%	−3.24%

由测试结果可见，初值的改变对于变量的影响都处于符合GUSDM模型的概念的范围内，未出现无法仿真（仿真中断）或结果明显异常的情况。基于此，EPT和PST测试结果同时也可以视作对政策的调整策略的影响预测。

（1）策略场景1：将初始机组和教员初始数目提高一倍，对于初期的（第80个月以前）系统安全性有较大提升，而事故率有较大降低，但是随着时间的推移，该影响逐渐减弱。这意味着在无人机系统的初始适航中运行单位应该强调在中期阶段加强机组的培训措施，如增加模拟器培训机时、提高应急任务的复训频率等，从而保持组织长时间尺度下的低事故率水平。2004—2007年间的美国空军MQ-1"捕食者"无人机系统的事故分析报告及研究文献中围绕培训缺陷与新培训措施的设计研究显著增多[9]，但是由于美国空军的战斗力需求的逐年增加，且"捕食者"无人机系统设计出于成本和模拟真实度考虑未设计专用的模拟器（实际地面站控制台兼做模拟器），在高计划任务飞行时间的趋势下，任务规定的模拟器机时均被实际任务机时占用，这在本书第3章的事故案例分析中也有所暴露(见表 A.1)。

(2)策略场景 2,维护人员培训后初始经验提高 1.5 倍后,这代表如果组织在人员初始培训措施改进后(如在制造商指导军方人员、军方人员指导外包人员的培训策略基础上增加正规的培训课程),会有助于提高实际任务飞行时间、降低无人机事故率,且此收益是长期性的。因此,在无人机系统的初始适航中(如在研制中)应充分考虑到维护人员的维护需求,通过设计降低维护差错产生的可能性,考虑到维护流程和手册编写时易于记忆和学习的特性,从而降低维护单位的培训成本和对维护经验的依赖性,保障组织长期的安全性收益。

(3)策略场景 3,如果组织缩短事故调查所需时间为原来的 1/2,有助于同时提高机组和维护人员的任务经验(即帮助人员较快地学习和更正风险行为),该措施降低无人机事故率的效果在全时间轴内都要高于策略 1 和策略 2,说明在无人机系统的持续适航中应该强调事故调查的执行效率,这需要通过监管、运行、维护和研制单位的共同协作。仿真结果表明,这是相对高效的系统安全性改善措施,但最终应采用哪种策略还应权衡所附加的经济成本变化是否可以接受。

(4)策略场景 4,建议无人机系统在持续适航过程中,运行单位通过培训及奖惩措施等提升组织内健康的安全性文化,这有助于减小人员的风险行为受组织任务性能出现与既定目标差距时的影响,使人员在面临事故征候等告警因素时倾向于主动预防措施(如提前回收),或放弃风险决策(如存在不利天气情况时仍冒险强行着陆),从而主动改善无人机系统安全性(事故调查报告多称为工作节奏,operation TEMPO,在此以出勤率差距作为代表)。目前系统安全性学界中存在了大量的以提升组织安全性文化(OSC)为主题的研究,大多数研究者对安全性文化有以下定义:"组织安全性文化"是组织成员基于当前职务及日常资源,通过主动改变自身态度和行为,积极担负所承担的安全性责任,识别并持续修正不安全状态和行为的程度得以显现的。尤为重要的是具有高成熟度的组织安全性文化受组织所处环境的影响不显著[10-12]。但大多数有关 OSC 的研究都停留在文字描述和概念分析上,涉及的因素过于繁杂、关键点模糊且缺乏量化的影响预测和收益评估,这导致相关组织在实际工作中难以落实。

在本 GUSDM 模型中,出勤率风险心态(EL6)是无人机运行组织安全性文化的一个重要表征,该因素的 SFD 建模为无人机运行单位的系统安全性策略提供了指导:出勤率风险心态对无人机事故率的敏感性影响较以上 3 个策略都更大,这意味着如果无人机运行单位不重视这一因素,其他方面的措施的收益往往会被掩盖,这一现象已有相关研究文献印证[4,13]。无人机运行单位可采取针对性措施进行改进,如对人员在技术培训之外附加心态引导培训并通过模拟场景进行行为评估。

(5)策略场景 5,在无人机初始适航阶段,由研制单位通过设计手段提高关键系统(在此以动力系统为例)的初始可靠性水平,如系统平均故障时间,其对于无人机系统安全性的影响强度随时间逐渐降低。在本例中,动力系统的 MTBF 从 150 提升到 200 h,这在美国空军 MQ－1"捕食者"无人机的汽油活塞发动机的现阶段技术水平下是较为显著的提升,会付出较大的成本代价。通过仿真结果可以发现,在较长的时间尺度下,无人机系统的事故率对于人为因素的影响的敏感度要强于技术系统因素的影响。

5.5　本章小结

通过无人机系统安全性相关的"研制—维护—运行"过程中风险因素动态反馈过程的系统动力学建模和仿真可以解释实际无人机系统任务运行记录、人力配置、技术系统可靠性、A 类事故率等统计数据之间的内在机理,为未来的无人机系统面向安全性的管理和技术决策提供指导。目前能获得较为完整的历史数据的是美国空军 MQ－1"捕食者"无人机系统,时间跨度为 1994—2013 年。本节应用了第 4 章中提出的通用的无人机系统安全性(GUSDM)模型对一具体案例"美国空军 MQ－1'捕食者'无人机系统安全性动态"进行了量化建模和仿真。通过本章中的仿真模型及其结果还可以表明,增强型 R 回路在反馈过程初期一般都表现为主导回路,而平衡型 B 回路对 R 回路的抑制作用多表现在反馈过程的中后期,这是导致"事后安全性措施"逐步失效而无人机系统事故依然发生的重要原因。

本章的仿真结果复现了美国空军 MQ－1"捕食者"无人机系统的历史数据的动态变化过程,并就机组初始人数、维护人员初始经验、事故调查所需时间、出勤率差距影响为代表提升系统安全性的"策略性场景"的收益进行了预测和对比。仿真结果表明,在较长的时间尺度下,无人机系统的事故率对于人为因素的影响的敏感度要强于技术系统因素的影响,并得出以下结论:

(1)在初始适航阶段中,研制单位通过设计手段提升关键性系统的初始可靠性的安全性收益的效果随时间递减,但其在设计中考虑到维护要求、通过设计降低维护差错等措施所能获得的安全性收益是长期性的。

(2)在持续适航阶段中,运行单位提高机组和教员初始人数的措施仅能获得短期内的系统安全性收益,因此应强化持续的机组培训措施。

（3）在持续适航阶段中,应结合监管、运行、维护和研制单位共同缩短事故调查所需时间,这一项措施的安全性收益的短、长期影响均强于上述 3 项策略,但是在实际应用中还应根据策略所附加的经济成本进行权衡。

（4）出勤率风险心态是无人机系统在持续适航的运行过程中安全性文化的重要表征且无人机系统事故率对其的敏感性强于以上 4 种因素,运行单位应通过培训及奖惩措施等持续保证组织内健康的安全性文化。

在制定我国的无人机系统适航规章、程序时,基本原则是依据等效风险的概念参照相同量级有人机适航合格审定规章进行剪裁并进行指定适用于无人机的运行规章,在此过程中,应突出以下几点要求:

（1）对关键性系统提出基本可靠性水平要求(应结合具体无人机研制需求),并考虑到研制过程早期对于布局未知特性(如气动、控制)、系统及零部件可靠性及人员经验(运行、维护)这 3 个层级风险因素影响的时域特征先后关系。

（2）机组人员的培训大纲中应要求设置专用模拟器,现有应急任务演练时间规定应提高,并要求声明复训频率。

（3）规定监管方事故调查结果通报责任及研制、运行和维护方协助调查责任。

由于无人机系统安全性所涉及的因素分布很广,本书尝试所提出的无人机系统安全性动力学模型是将基于系统理论和动态反馈的方法应用于无人机安全性领域的一个开端,例如本书对于技术系统可靠性特征的描述目前仅以系统平均故障间隔时间来代表,各关键性技术系统之间的相互作用被简化,飞行环境(如气象)、空中交通管制等因素尚待纳入等,故在此基础上还待进一步拓展。

参|考|文|献 ••

[1] Cooke D L. A System Dynamics Analysis of the Westray Mine Disaster [J]. System Dynamics Review, 2003,19(2): 139 - 166.

[2] Cooke D L, Rohleder T R. Learning from Incidents: From Normal Accidents to High Reliability [J]. System Dynamics Review, 2006;22(3): 213 - 239.

[3] Mohanmed S, Chinda T. System Dynamics Modelling of Construction Safety Culture [J]. Engineering Construction and Achitectural Mangement, 2011,18(3),266 - 281.

[4] DoD. Report to Congress on Future Unmanned Aircraft Systems Training, Operation, and Sustainability [R]. Under Secretary of Defense for Acquisition, Technology and

Logistics，Department of Defense，Washington，DC，2012.

[5] Prophet W W. Long-term Retention of Flying Skills：A Review of the Literature. HumRRO Final Report No. 76 - 35 [R]. Alexandria，VA：Human Resources Research Organization，1976.

[6] Rohrer D. The Effect of Overlearning on Long-term Retention [J]. Applied Cognitive Psychology，2005，19：361 - 374.

[7] Sterman J D. System dynamics：systems thinking and modelling for a complex world， Proceedings of the ESD Internal Symposium [C]. MIT，Cambridge，MA，2002.

[8] Moizer J D. System Dynamics Modelling of Occupational Safety：A Case Study Approach [D]. PhD Thesis，Stirling，University of Stirling，1999.

[9] Nullmeryer R T，Herz R. Birds of prey：training solutions to human factors issues [C]. The Interserive/Industry Training，Simulation，and Education Conference（I/ITSEC） [C]. 2007.

[10] ACSNI. Third Report：Organizing for Safety. Advisory Committee on the Safety of Nuclear Installations [R]. London：HMSO，1994.

[11] Geller E S. A Total Safety Culture：From a Corporate Achievement to a Global Vision [J]. Behavior and Social Issues，2001，11(1)：18 - 20.

[12] Cooper M D. Towards a Model of Safety Culture [J]. Safety Science，2000(36)： 111 - 136.

[13] Schaefer R. Unmanned Aerial Vehicle Reliability Study [R]. Office of the Secretary of Defense，Washington，DC，2003.

6 无人机系统适航管理要求分析与建议

本书第 1 章中介绍了全球无人机系统适航管理的现状。目前,基于运行风险的无人机系统适航管理已经成为全球民航局方、工业界以及企业普遍接受的监管思路和框架,在这一框架下,如何开展风险评估工作、无人机系统应当达到什么样的安全水平、需要制订怎样的适航要求和标准,都是具体实施过程中的核心问题,本章在前述"无人机系统安全性动力学"方法明确了对无人机"研制—维护—运行"过程中存在的组织、人为因素和技术系统之间的系统安全性风险辨识及其典型动态交互规律的基础上,进一步形成管控多类型无人机系统安全性风险的流程方法和政策建议。

6.1 无人机系统运行风险评估方法及流程

目前,针对运行风险评估方法和流程研究,主要包括无人机联合规章制订机构(JARUS)编写的《特定运行风险评估指南(SORA)》[1]、ASTM F38 分委员会编制的《小型无人机系统运行风险评估标准实践》[2]以及 FAA 安全风险管理政策(Order 8040.4B)[3]中可借鉴的内容。运行风险评估工作的核心目的,是对无人机系统的运行风险等级进行评估,从而确定无人机系统应当达到什么等级的安全水平,这种安全水平的保证是通过适航管理、运行管理、人员管理等具体手段实现的。

目前国内局方和工业界普遍认可了 SORA 的概念和思路,2019 年,中国民航局发布咨询通告《AC - 92 - 2019 - 01 特定类无人机试运行管理规程(暂行)》[4],在试运行审定流程中,要求申请人进行安全评估,SORA 作为推荐的评估流程,在附件中给出。需要说明的是,SORA 指南虽然提供了针对无人机系统运行风险评估的方法论,但在整个过程的具体步骤中尚存在需要解决的具体问题,需要进一步完善过程和方法,开展型号实践,以形成科学、完整、可用的方法体系。

运行风险评估工作的基本思路是基于无人机系统的运行概念,对预期的运行活动进行地面风险等级和空中风险等级的评估,从而确认无人机系统运行应当达到的风险保证等级,从而分配运行安全目标,通过达到相应的安全目标及其保证等级,证明无人机系统能够在可接受的安全边界内运行。运行风险评估可以按照以下 10 个步骤开展,如图 6.1 所示。

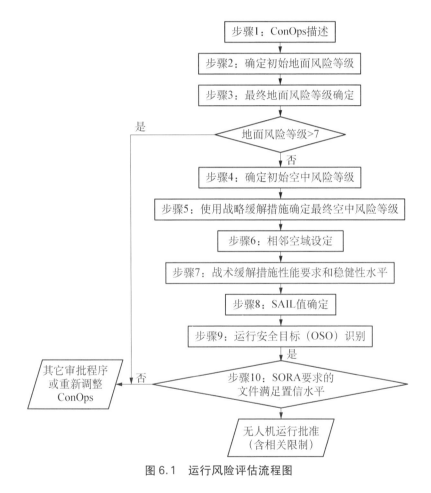

图 6.1　运行风险评估流程图

6.1.1　运行概念描述

所谓"运行概念"是一个广义的定义,应当包括与无人机系统预期用途相关的技术、运行和人员信息。运行概念描述,是对整个运行过程及过程中的利益相关方进行描述,应当包括运行中所用的无人机系统详细信息、无人机运行场景的具体描述以及支持整个运行概念的组织体系、程序的描述。通过运行概念描述,完整地定义整个运行场景和运行过程,是运行风险评估和其他技术活动的基础。

本书给出的运行概念描述建议包括的内容:

1) 机体结构

(1) 结构:无人驾驶航空器结构物理特性的详细说明。

(2) 材料:所使用的材料以及他们在无人驾驶航空器结构中的位置。

(3) 尺寸:机身长、宽、高、轴距、桨叶直径(即构型主要特征尺寸)。

(4) 重量:空机重量、最大起飞重量。

(5) 特殊结构:确认并说明所有独特的设计特性,例如降落伞或刹车。

2) 飞行性能

(1) 高度:最大高度、巡航(作业)高度。

(2) 续航时间。

(3) 速度:巡航速度、最大平飞速度。

(4) 爬升率、下降率。

(5) 环境和气象限制:(如风速、颠簸、温度限制条件等)。

3) 系统和设备

(1) 推进系统:推进系统设计和性能的详细说明;使用何种发动机(厂家和型号)、发动机动力输出形式。

(2) 电气系统:电气系统如何向各接收系统分配足够的能源,并提供系统级原理图说明整机的电源分配。

(3) 飞行控制系统:飞行控制系统的详细说明,包括飞控计算机和自动驾驶系统如何运行。

(4) 控制站:控制站设计的详细说明;系统向驾驶员提供的各种告警、警示和建议提示说明(如低电量告警、关键系统失效、超出运行边界)。

(5) 通信链路:指挥和控制链路的设计和性能说明,指挥和控制链路使用无线电频率(RF)说明。

(6) 外部支持系统:空管 ATC、云系统等。

4) 运行活动

(1) 预期任务类型:对预期任务的文字描述。

(2) 操控方式:超视距运行/扩展视距运行/视距内运行。

（3）飞行高度及限制：高度极限；是否仅日间飞行。

（4）任务剖面简图。

5）运行环境

（1）空域类别：管制/非管制空域，或者收到局方的特定空域授权。

（2）运行范围：地域面积、经纬度。

（3）运行区域地面情况：人口密度；城镇、村庄分布。

（4）起降点设置：数量、位置、周边环境。

6）运行机组

（1）机组组成：执行任务的角色设置；

（2）机组成员资质：机长资质（局方颁证还是内部培训）；其他成员资质；

（3）机组运行经验：测试飞行/实际运行的飞行小时等；

7）组织体系

（1）设计体系：包括但不限于设计单位名称、组织机构、具备的资质等。

（2）运行程序：对正常运行程序、应急处理程序进行描述。

（3）维护程序：对维护程序进行描述。

（4）人员培训：对人员培训要求和方法进行描述。

6.1.2 地面风险评估

在图 6.1 所示的运行风险评估过程中，步骤 2 和步骤 3 组成了地面风险评估的内容。步骤 2 是确定初始风险，也就是无人机在运行中发生失控坠地对地面的撞击影响，可以从定性和定量两个角度开展。目前 SORA 指南中，仅给定了定性方法，评估无人机系统运行的地面风险等级。步骤 3 是考虑了缓解措施后对定性评估的地面风险等级进行调整的方法建议。对此，本节中将分别进行扩展讨论。

6.1.2.1 初始地面风险评估的定性方法

定性评估无人机系统运行的地面风险等级，从 3 个维度进行评估：

（1）最大特征长度，表征无人机坠地的撞击影响面积大小。

（2）预期最大撞击动能，表征无人机撞击的影响严重性。

（3）运行类型和运行区域，运行区域用以刻画无人机发生坠地并与地面人员发生碰撞的概率大小；运行类型用以刻画机组能否及时采取应急措施以避免无人机与地面人员发生碰撞。

根据上述 3 个评估因素可将初始地面风险等级划为 11 类，如表 6.1 所示。

表 6.1 初始地面风险等级划分矩阵

无人机系统初始地面风险等级					
无人机最大特征长度		1 m	3 m	8 m	>8 m
预期最大撞击动能		<700 J	<34 kJ	<1 084 kJ	>1 084 kJ
运行类型	人口稀少区上方受控区域视距内运行(VLOS)	1	2	3	5
	人口稀少区上方超视距运行(BLOS)	2	3	4	6
	居民区上方受控区域视距内运行	3	4	6	8
	居民区上方视距内运行	4	5	7	9
	居民区上方受控区域超视距运行	5	6	8	10
	居民区上方超视距运行	6	7	9	11
	人口聚集区上方视距内运行	7	—	—	—
	人口聚集区上方超视距运行	8	—	—	—

(1) 最大特征长度。

最大特征长度根据不同无人机的构型，给出如下建议：

固定翼——取翼展和机长的最大值。

直升机——取旋翼直径和机长的最大值。

多旋翼——取轴距加桨叶构成的最大长度。

(2) 预期最大撞击动能。

预期最大撞击动能的计算公式沿用动能公式：

$$E_{\text{imp}}=\frac{1}{2}mV^2 \tag{6.1}$$

其中，需要讨论质量和速度的取值问题；在评估过程中，采用最保守的估计和假设，考虑运行场景中可能达到的最大质量和撞击速度。

因此，质量取最大起飞重量(m_{MTOW})；速度取撞击瞬时的终点速度(V_t)，为水平方向和垂直方向的合速度,水平方向 V_x 取最大平飞速度,垂直方向 V_y 取自巡航高度自由落体至地面的速度(不考虑各种阻力);预期最大撞击动能因此可以等价于无人机在巡航高度以最大平飞速度飞行时的势能与动能之和,公式可进一步推导为

$$E_{\text{imp}} = m_{\text{MTOW}} g H + \frac{1}{2} m_{\text{MTOW}} V_{\text{max}}^2 \qquad (6.2)$$

式中,g 为重力加速度。

(3)运行类型和运行区域。

运行类型分为视距内运行或超视距运行。

参考国际民航组织《遥控驾驶航空器系统(RPAS)手册》(Doc 10019)[5]的定义,上述两种运行类型的定义如下:

① 视距内运行(VLOS)——遥控驾驶员或遥控驾驶航空器观测员与遥控驾驶航空器保持直接肉眼视觉接触的运行。

② 当遥控驾驶员和遥控驾驶航空器观测员都不能保持对遥控驾驶航空器的直接的肉眼目视接触时,这种运行被视为超视距运行(BVLOS)。

运行区域分为人口稀少区上方受控区域、人口稀少区上方、居民区上方受控区域、居民区上方、人口聚集区上方。对于人口密度的划分方法,SORA 并未给出具体的划分准则,后续需要进一步结合国内的地域人口密度情况评估。

6.1.2.2 初始地面风险评估的定量方法

对无人机系统运行中发生的对地面撞击的影响进行定量评估主要集中在考量无人机失控坠地对地面人员致死伤害的概率问题,基本定量逻辑如图 6.2 所示。

| 对地面人员致命伤害概率 | = | 无人机系统运行失控概率 | × |

| 无人机与地面人员发生撞击概率 | × | 撞击导致人员死亡概率 |

图6.2 无人机系统对地撞击致死率定量方法

针对无人机对地撞击情况,Weibel 等人率先提出了地面撞击模型[6]:

$$ELS = \frac{1}{\text{MTBF}} A_{\text{exp}} \rho p_{\text{pen}} (1 - p_{\text{mit}}) \qquad (6.3)$$

该模型通过撞击区域的影响面积(暴露面积)A_{exp}、人口密度 ρ 和撞击动能

影响的穿透率 p_{pen}、缓解率 p_{mit} 等参数,建立了将对地面人员致死概率表征的等效安全性水平(ELS)与可靠性指标 MTBF 联系的方法,亦即用系统可靠性指标来表征安全目标水平。该模型中,拟用 A_{exp} 考虑无人机系统的翼展等影响,用 p_{pen} 考虑撞击动能等参数,用 p_{mit} 考虑建筑物遮蔽等影响。

Dalamagkidis 等将无人机撞击动能、环境遮蔽等因素综合考虑为撞击致死概率 $P(\text{fatality})$。定义遮蔽参数 p_s 来刻画这一综合影响[7]:

$$P(\text{fatality}) = \frac{1}{1 + \sqrt{\dfrac{\alpha}{\beta}} \left[\dfrac{\beta}{E_{imp}}\right]^{\frac{1}{4p_s}}} \tag{6.4}$$

式中: E_{imp} 为撞击动能,遮蔽参数 p_s 取值范围(0,1]刻画了人群的暴露程度,考虑建筑,树木等对撞击的减缓作用。α 参数定义为 $p_s = 0.5$ 时死亡率达 50% 所需的撞击能量,β 参数定义为当 p_s 降到 0 时导致死亡所需的撞击能量门限值。遮蔽参数越大,在同样撞击动能下有更低的死亡率。该模型对无人机系统撞击致死率进行了更细致地刻画。

进而定义 f_{ELS} 为无人机系统灾难性事故致死率,MR_{TLS} 为允许的无人机系统发生不受控坠毁的事故率水平,综合考虑了无人机撞击特征参数和飞行区域环境参数的影响,建立无人机系统对地撞击安全目标预估公式

$$f_{ELS} = \frac{MR_{TLS}}{A_{exp}\rho P(\text{fatality})} \tag{6.5}$$

该模型刻画的无人机失控坠地这一系统事故导致地面人员死亡的定量思路如图 6.2 所示。通过无人机坠地的影响面积和坠地区域人口密度相乘计算无人机与地面人员发生撞击的概率,结合撞击致死概率的考虑,建立了对地撞击致死率与无人机系统失控坠地的失效概率间的定量关系。

根据运行概念描述的内容,可以确定无人机构型尺寸、运行区域人口密度,并计算出致死概率,就能建立无人机系统对地撞击致死率和无人机系统发生失控坠地的事故率(失效率)的定量关系。对于衡量无人机坠地影响区域大小的暴露面积 A_{exp},可以考虑垂直坠地和滑翔坠地两种撞击方式。本节采用较大的影响面积以进行保守估计,定义无人机正面和横截面构成的最大斜截面作为暴露面积:

$$A_{exp} = W_{UAV}\sqrt{L_{UAV}^2 + H_{UAV}^2} \tag{6.6}$$

式中：W_{UAV}、L_{UAV}、H_{UAV} 分别为无人机机体的翼展、机长和机高。

无人机撞击致死率参数取决于撞击动能。选取无人机最大起飞重量 m_{MTOW} 为参考重量，基于无人机最大平飞速度 V_{max}，得到撞击动能：

$$E_{imp} = \frac{1}{2} m_{MTOW} (1.4 \times V_{max})^2 \tag{6.7}$$

其中余度因子 40% 是考虑势能等影响。撞击动能对死亡率的影响，根据美国靶场司令委员会 RCC 的研究结果，如用 1 000 lb(453.59 kg)物体撞击人体躯干，致死率为 10% 和 90% 对应的撞击动能是 40 kJ 和 115 kJ[8]；而如果用 1 lb(0.453 kg)的物体撞击，致死率为 10% 和 90% 对应的撞击动能则分别为 50 J 和 200 J[9]。两种情况的曲线如图 6.3 中虚线所示。进一步，引入 Weibel 等给出的 4 型无人机撞击致死率结果(图 6.3 中的 4 个点)。依据式 6.4，取 $\alpha = 10^6$ J，$\beta = 100$ J，得到不同遮蔽参数 p_s 时撞击致死率随撞击动能的曲线(图 6.3 中的实线)。结果表明，当遮蔽参数 p_s 为 0.5 时，与 Weibel 给出的离散点较为一致。另外，当遮蔽参数选取较小值时，结果与文献[8,9]中的曲线趋势接近，表明了较小遮蔽作用时直接撞击情况与 RCC 结果较符合。综上所述，根据无人机系统特性和运行条件可对相应的模型参数进行计算，从而得到无人机系统安全目标水平的预估方法。

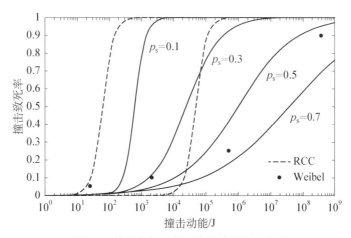

图 6.3　致死率与无人机撞击动能关系曲线

以我国人口密度情况为例，选取典型无人机作为分析对象，探讨定量方法的应用，假定要求的对地撞击致死率目标为 10^{-7} 次/飞行小时，那么可以计算无人机系统应当达到的失控事故率目标：选取一般风险场景的遮蔽参数 $p_s=0.5$，分别对暴露面积、撞击能量和撞击死亡率等评估参数进行计算，结果如表 6.2 所示，参考国家统计局给出的我国人口密度数据[10]，可以绘制出基于我国地域人口密度的无人机系统事故率目标的分布情况，选择上述 6 种典型无人机事故率目标地域分布，如图 6.4 所示[11]。

表 6.2　选取的典型无人机撞击特征参数

序号	布局形式	暴露面积/m²	撞击动能/kJ	撞击致死率/%
1	四旋翼	0.2	1.61	3.86
2	翼身融合	3.01	17.79	11.79
3	固定翼	7.8	52.37	18.62
4	直升机	11.52	47.04	17.82
5	固定翼	129.94	3 209.83	64.18
6	固定翼	474.36	370 919.79	95.06

该图表征了通过安全目标水平确定方法导出的可接受的最低安全水平，颜色越深代表预期事故率越低，要求无人机具备更高的安全性，保证无人机系统的实际事故率低于预期值。从分析结果可以得到以下要点：

（1）无人机"大小"对事故率目标影响显著。对于同样的空域运行条件，以 1 号为代表的轻小型四旋翼无人机事故率不超过 0.1 次/飞行小时就可以满足安全飞行的概率要求，但对于以 6 号为代表的高空长航时大型无人机而言，可能要求失效率须在 10^{-6} 次/飞行小时以下。考虑无人机系统型谱广泛的特点，不同型号的无人机系统失效率目标约束可能跨越 4、5 个数量级，为达到相应的安全目标水平，在无人机研制和运行中应采取的安全性理念和管理方式也应有所区别。

（2）人口密度对事故率目标影响显著。依赖于无人机飞行区域人口密度变化，对同一型号无人机系统的事故率目标要求也可能跨越 2~3 个数量级，尤其是在人口稠密的主要城市上空，对无人机系统安全性要求显著提高，这符合公众对无人飞行器安全性的基本认知，所以尽量避免无人机系统在人口稠密区域上空运行可以作为一种保障公众安全的飞行和监管策略。

（3）结合撞击动能和运行环境能较好地刻画无人机运行风险。比较 3 号和

4号的分析结果,虽然后者在最大起飞重量上是前者的3倍,但基于特殊用途的植保无人机的最大飞行速度较低,使得二者呈现的撞击动能特性相近,故导出的事故率目标要求相近,进而考虑无人机系统的运行环境特征,能得到较好的运行风险描述方法。

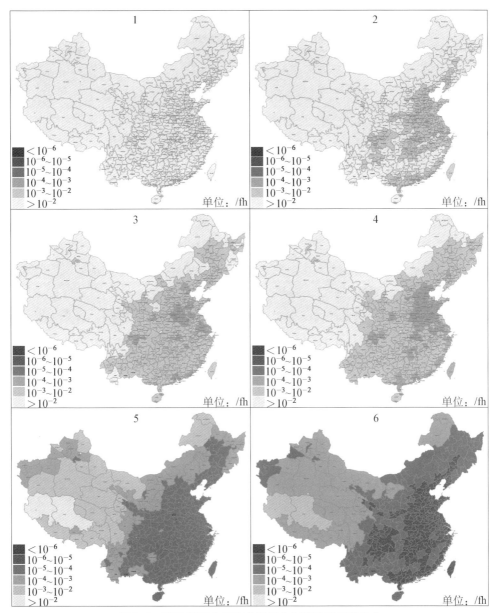

图6.4　基于我国人口密度的无人机事故率目标分布

6.1.2.3　危害缓解措施和地面风险等级调整

采取危害缓解措施是降低无人机系统初始地面风险等级的有效方法。基于可用的危害缓解措施，可以在本步骤对定性评估的初始地面风险等级进行调整。表6.3列出了危害缓解措施的相对修正系数，正数表示风险等级的增加，而负数表示风险等级的降低。为了进行评估，必须考虑所有缓解措施。

表6.3　地面风险等级调整方法示例

项目	稳健性		
地面风险等级调整的危害缓解措施	低/无	中	高
运营人验证有效的应急反应计划（ERP）	1	0	−1
地面撞击影响减弱（如应急降落伞）	0	−1	−2
有效的危害控制（如系留）	0	−2	−4

例如，假定某个操作已经评估为3级地面风险等级，在分析了运行概念之后，已经确定了有效的应急反应计划是可用的并且具有中等稳健性。除此之外，运营商/申请人已经实施了一个由地方当局判断足以提供"−1"的地面风险等级适应性的降落伞系统。通过添加所有校正因子（即，0−1−0＝−1）并通过结果数字（3−1＝2）来调整地面风险等级来建立最终的地面风险等级。表6.4提供了该例的直观表示。

表6.4　地面风险等级调整示例

项目	地面风险等级（GRC）
初始地面风险等级	3
运营人验证有效的应急反应计划（ERP）	+0
地面撞击影响减弱（如应急降落伞）	−1
有效的危害控制（如系留）	+0
最终	2

需要说明的是，该步骤的具体方法，目前JARUS仍在不断完善，本节对其流程和方法进行了应用演示。

6.1.3　空中风险评估

6.1.3.1　空中风险评估因素考虑

空中风险等级的确定,基于预期运行场景中的飞行高度(高空、低空空域等)、空域类型(管制、监视、报告空域等)进行评估。在目前欧美的无人机运行风险评估指导材料中,空中风险等级评估考虑的依据是欧美空域类型进行的划分,考虑到我国空域划分与欧美存在较大差异,因此在评估过程中需要结合国内空域的使用情况和划分类型进行修订,从而给出风险判定准则。

6.1.3.2　空中风险等级确定方法

SORA指南将所有运行空域分为14个综合碰撞风险类别,这些类别的划分因素包括:高度、受控与不受控制的空域、机场与非机场环境、城市与农村环境空域以及非典型空域与典型空域。我国总体上将空域划分为飞行情报区、管制区、限制区、危险区、禁区。上述划分是按照区域进行划分的,与高度无关,民用航空器的商业运行一般被限制在管制区内。管制空域是一个划定的空间,在其中飞行的航空器要接受空中交通管制服务。根据所划分空域内的航路结构和通信导航气象监视能力,我国又进一步将管制空域分为A,B,C,D 4类。

(1) A类空域为高空管制空域。在6 600 m(含)以上的空间,划分为若干个高空管制空域。

(2) B类空域为中低空管制空域。在我国6 600 m(不含)以下最低高度层以上的空间,划分为若干个中低空管制空域。

(3) C类空域为进近管制空域。其垂直范围通常在6 000 m(含)以下最低高度层以上;水平范围通常为半径50 km或走廊进出口以内的除机场塔台管制范围以外的空间。

(4) D类空域为塔台管制空域,通常包括起落航线、第一等待高度层(含)及其以下地球表面以上的空间和机场机动区。

上述空域类型都是针对载人飞机的运行特点和场景进行划分的,而中、小无人机的运行更多在低空空域内。低空空域是指真高1 000 m(含)以下的空间范围。又分为管制空域、监视空域和报告空域3类。管制空域通常划设在飞行比较繁忙的地区,如机场起降地带、空中禁区、空中危险区、空中限制区、地面重要目标、国(边)境地带等区域的上空;监视空域通常划设在管制空域周围;报告空域通常划设在远离空中禁区、空中危险区、空中限制区、国(边)境地带、地面重要目标以及飞行密集地区、机场管制地带等区域的上空。

此外,根据国家空管委办公室起草的《无人驾驶航空器飞行管理条例》(征求意见稿)中对飞行空域的规定,特别定义了两类空域,主要是针对在 120 m 以下飞行的微轻型无人机:

1) 微型无人机禁飞空域

(1) 真高 50 m 以上空域;

(2) 空中禁区以及周边 2 000 m 范围;

(3) 空中危险区以及周边 1 000 m 范围;

(4) 机场、临时起降点围界内以及周边 2 000 m 范围的上方等。

2) 轻型无人机管控空域

(1) 真高 120 m 以上空域。

(2) 空中禁区以及周边 5 000 m 范围。

(3) 空中危险区以及周边 2 000 m 范围。

(4) 军用机场净空保护区,民用机场障碍物限制面水平投影范围的上方。

(5) 有人驾驶航空器临时起降点以及周边 2 000 m 范围的上方等。

综合上述我国空域划分情况,参考 SORA 的空中风险划分思路,将所有空域划分为 12 个风险类型,对空中碰撞风险的评估流程如图 6.5 所示。

此外,空中风险类别(ARC)由小到大代表空中碰撞风险的逐渐增加,将 12 类风险类别分为 4 个级别,如表 6.5 所示。

表 6.5　空中风险等级划分表

空中风险等级	a			b			c			d		
空中风险类别	1	2	3	4	5	6	7	8	9	10	11	12

6.1.4　风险保证等级确定

在分别确定了地面风险等级和空中风险等级后,综合两个风险等级,确定风险保证等级。风险保证等级,定义为"保证无人机系统风险可控所需达到的可信水平",这种可信水平通过技术、程序、管理等风险缓解措施实现,也是风险缓解措施所应达到的保证水平。现给出风险保证等级评价矩阵,如表 6.6 所示。

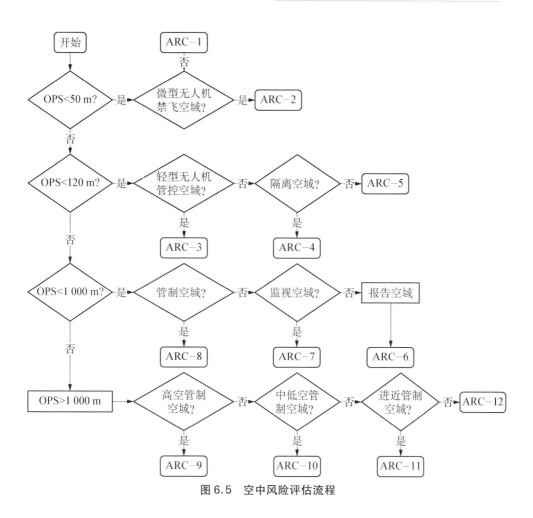

图6.5 空中风险评估流程

表6.6 风险保证等级评估表

	风险保证等级			
GRC	ARC			
	a	b	c	d
1	Ⅰ	Ⅱ	Ⅳ	Ⅵ
2	Ⅰ	Ⅱ	Ⅳ	Ⅵ
3	Ⅱ	Ⅱ	Ⅳ	Ⅵ
4	Ⅲ	Ⅲ	Ⅳ	Ⅵ
5	Ⅳ	Ⅳ	Ⅳ	Ⅵ

GRC	ARC			
	a	b	c	d
6	Ⅴ	Ⅴ	Ⅴ	Ⅵ
7	Ⅵ	Ⅵ	Ⅵ	Ⅵ
＞7	适航审定			

6.1.5　运行安全目标分配与确认

运行风险评估过程的最后一步是以运行安全目标的形式确定运行中所需的风险缓解措施，并根据风险保证等级确定其保证水平。

6.1.5.1　保证水平的定义

保证水平定义为给定的风险缓解措施（运行安全目标）达到预期作用所应达到的可信水平。具体是通过申请人采用相应风险缓解措施的有效性证据来表明的，3种级别的保证水平及其说明如下。

（1）低保证水平：申请人采取声明的保证，说明风险缓解措施具备有效性。

（2）中保证水平：申请人提供支持证据的保证，支持证据包括设计运行满足的相关工业标准、完成的相关测试及记录（数据、报告、视频、图片等）以及通过经验证明（相似机型的运行数据经验等）。

（3）高保证水平：申请人提供经过机构验证通过的保证，机构一般为民航局及民航局授权或认可的第三方权威机构。

6.1.5.2　运行安全目标分配

表6.7是SORA提供的用于确保无人机系统运行安全的通用运行安全目标清单，按照拟缓解的威胁进行分组，并根据前述划分的风险保证等级给出了定性的保证水平要求。在此表中的保证水平要求，O代表可选，L代表建议低保证水平，M代表建议中保证水平，H代表建议高保证水平，表中给出的是建议的最低保证水平要求。

表 6.7　通用的运行安全目标清单

OSO	评估的风险保证等级	Ⅰ	Ⅱ	Ⅲ	Ⅳ	Ⅴ	Ⅵ
无人机系统技术问题							
OSO♯01	运营人具备资质（如运营人许可证（ROC））	O	L	M	H	H	H
OSO♯02	无人机系统制造经过认证（如工业标准）	O	O	L	M	H	H
OSO♯03	无人机系统维护经过认证（如工业标准）	L	L	M	M	H	H
OSO♯04	无人机系统开发遵循局方认可的设计标准（如工业标准）	O	O	O	L	M	H
OSO♯05	C3 链路性能适用于运行	O	L	L	M	H	H
OSO♯06	无人机系统设计考虑系统安全性和可靠性	O	O	L	M	H	H
OSO♯07	无人机检查（产品检查）以确保与运行概念（ConOps）相符	L	L	M	M	H	H
OSO♯08	运行程序经过定义、确认和遵守	L	M	H	H	H	H
OSO♯09	机组人员经过培训并具备异常情况处理能力	L	L	M	M	H	H
OSO♯10	技术问题的安全恢复能力	L	L	M	M	H	H
无人机运行支持外部系统恶化							
OSO♯11	运行程序考虑应对运行支持外部系统恶化情况	L	M	H	H	H	H
OSO♯12	无人机设计考虑客服运行支持外部系统恶化情况	L	L	M	H	H	H
OSO♯13	运行支持外部系统采用多余度	L	L	M	H	H	H
人为差错							
OSO♯14	运行程序经过定义、确认和遵守	L	M	H	H	H	H
OSO♯15	机组人员经过培训并具备异常情况处理能力	L	L	M	M	H	H
OSO♯16	多机组协调	L	L	M	H	H	H
OSO♯17	定义和遵守精确的静止时间	L	L	M	M	H	H

（续表）

OSO	评估的风险保证等级	I	II	III	IV	V	VI
OSO♯18	关键飞行功能的自动保护程序	O	O	L	M	H	H
OSO♯19	人为差错的安全恢复能力	O	O	L	M	M	H
OSO♯20	进行人为因素评估并确保人机接口能够适应飞行	O	L	L	M	M	H
不利运行条件							
OSO♯21	运行程序经过定义、确认和遵守	L	M	H	H	H	H
OSO♯22	机组人员经过培训以识别明显的不利环境条件并避免	O	L	M	M	M	H
OSO♯23	安全运行环境条件被定义、可测量并被遵守	L	L	M	M	H	H
OSO♯24	无人机设计考虑不利运行条件（如DO-160相关环境测试）	O	O	M	H	H	H

6.1.5.3　运行安全目标确认

在 SORA 给出的运行安全目标中，一方面由于风险缓解措施可能缓解多种威胁的情况而导致其重复出现，另一方面根据无人机的实际运行概念和设计特点，需要对上述安全目标进行整合、删减和增添，确认预期达到的保证水平，并给出每条运行安全目标需要满足保证水平的符合性方法及说明，从而完成对运行安全目标的确认。

为了避免上述运行安全目标的重复性对风险缓解措施确认造成的不便，将运行安全目标进行重新分类，考虑无人机运行涉及的安全因素，整合为如下的3类：

（1）适航性：面向无人机系统的性能和安全要求，包括无人机、控制站、数据链路及支持设备的设计、制造要求等；

（2）飞行运行：面向无人机运行过程的安全要求，包括运行程序、维护程序、运行限制等的标准化和安全要求。

（3）人员及资质：面向无人机机组人员的培训和资质要求，包括机长、起降场操作员以及维护人员等的培训和资质要求。

符合方法及符合性说明是对预期达到的保证水平进行进一步的解释，给出达到预期保证水平的说明。通过运行风险评估过程确定的运行安全目标，是后续适航管理、运行管理等工作的基础。

6.2　无人机系统适航标准及规范

目前,国内外民航局方都没有颁布正式的民用无人机审定类适航规章,都在积极开展无人机适航审定规章制定的研究工作。现有的无人机适航要求,主要是各国军方和相关协会组织制定和发布的技术标准要求,主要面向的是大型无人机系统,本节将对其内容及要求进行分析与介绍。

6.2.1　无人机系统适航要求及适用范围

针对大型无人机系统的适航要求,以北约(NATO)的《无人航空器系统适航性要求》(STANAG 4671)[12]为典型代表,适用于最大起飞重量在 150～20 000 kg 的无人航空器系统。该标准是在 EASA CS-23《正常类、实用类、特技类和通勤类飞机合格审定规范》[13]的基础上,删除一些条款并增补如下与无人机系统密切相关的条款演变而来的适航规范,分为适航性规范(CS)和可接受的符合性方法(AMC)两部分,其章节包括:A 总则、B 飞行、C 结构、D 设计与构造、E 动力装置、F 机载设备、G 使用限制和信息、H 指挥与控制数据链路以及 I 地面控制站。从章节编排上,A 到 G 分部沿用了 CS-23 的章节内容,增加了无人机系统特有的数据链路和地面站两个章节。此外,北约也制订了多部针对不同构型和大小的无人机系统适航要求,并且进行了不断修订,其最新无人机系统适航要求如表 6.8 所示。

表 6.8　北约无人机适航标准

标　准　编　号	中　文　名	发布日期
STANAG 4671 Ed:2	无人航空器系统适航性要求	2017.2.9
STANAG 4702 Ed:2	旋翼无人航空器系统适航性要求	2016.11.25
STANAG 4703 Ed:2	轻型无人航空器系统适航性要求	2016.11.25

除北约以外,无人机系统规章联合制订机构(JARUS)也是目前得到全球广泛认可的无人机系统适航要求制订组织。如 1.3.1 节所述,JARUS 在 2013 年和 2015 年先后颁布了 CS-LURS《轻型无人旋翼航空器系统合格审定规范(草案)》和 CS-LUAS《轻型无人固定翼航空器系统合格审定规范(草案)》,分别适

用于最大起飞重量不大于 750 kg 的轻型无人旋翼和固定翼航空器[14,15]。CS - LURS 和 CS - LUAS 均分为两册,第 1 册为规章要求,第 2 册为可接受的符合性方法。在规章要求中,A 到 G 分部针对无人机机体,分别沿用了有人驾驶航空器适航规章 CS - VLR[16] 和 CS - VLA[17] 的章节内容,并分别增加了 H 分部感知和避让、I 分部地面控制站。

除了上述主要针对大型无人机制定的完整适航要求之外,美国材料试验协会(ASTM)成立 F38 无人机系统委员会,该委员会的目的是开发促进 UAS 保持在可接受的安全水平运行的切实可行的、协商一致的标准。这些标准涉及无人航空器系统的设计、制造、维修、操作以及对人员的培训和资格认证。F38 委员会下设 3 个分委员,其中 F38.01 就是面向硬件的适航性标准,包括:

(1)系统合格审定、安全设计、制造、试验、改型、各部件的检查、航空或系统。

(2)航空器、控制站、数据链路的可靠性和适航性标准。

(3)保障设备标准(发射和回收设备、起动装置、供电设备、加油/排油设备)。

目前 ASTM F38.01 已经发布的无人机标准如表 6.9 所示。

表 6.9　目前 ASTM F38.01 已经发布的无人机标准(截止 2019.6)

标准编号	标准名称	中文名称
F2851 - 10	Standard Practice for UAS Registration and Marking (Excluding Small Unmanned Aircraft Systems)	无人机系统登记和标识标准实践(不包括小型无人机系统)
F2910 - 14	Standard Specification for Design and Construction of a Small Unmanned Aircraft System (sUAS)	小型无人机系统设计与构造标准规范
F2911 - 14e1	Standard Practice for Production Acceptance of Small Unmanned Aircraft System (sUAS)	小型无人机系统产品验收标准实践
F3002 - 14a	Standard Specification for Design of the Command and Control System for Small Unmanned Aircraft Systems (sUAS)	小型无人机系统指挥和控制系统设计规范
F3003 - 14	Standard Specification for Quality Assurance of a Small Unmanned Aircraft System (sUAS)	小型无人机系统质量保证标准规范
F3005 - 14a	Standard Specification for Batteries for Use in Small Unmanned Aircraft Systems (sUAS)	小型无人机系统电池标准规范

（续表）

标准编号	标 准 名 称	中 文 名 称
F3201 - 16	Standard Practice for Ensuring Dependability of Software Used in Unmanned Aircraft Systems (UAS)	无人机系统软件可靠性保证标准实践
F3269 - 17	Standard Practice for Methods to Safely Bound Flight Behavior of Unmanned Aircraft Systems Containing Complex Functions	具备复杂功能的无人机系统飞行行为安全限制方法标准实践

6.2.2　无人机系统与有人机适航要求对比

通过上述介绍可知，当前无人机系统适航要求的制定思路，基本是以相应级别的有人机对应的适航规章为基础，通过对条款的适用性分析，沿用、修订、删除和增加条款形成无人机系统的适航要求，本节将最具代表性的北约（NATO）的、无人系统规章联合制定机构（JARUS）的《轻型无人旋翼航空器系统合格审定规范》（CS‐LURS）和《轻型无人固定翼航空器系统合格审定规范》（CS‐LUAS）与参考有人机的规章进行了对比。

6.2.2.1　NATO STANAG 4671 与 CS‐23

如前文所述，STANAG 4671 从 A 分部到 G 分部的条款编号直接与 CS‐23 保持一致。当整条要求均不适用于无人机系统时，该条将被删除并在其位置注明"不适用"字样。如果某一款不适用，则该款被删除并在其位置注明"不适用"字样。当某一款适用或部分适用，但其在 CS‐23 A～G 分部中所处位置与无人机系统不一致时（例如：在无人机系统上下文中的合理位置处于 H 或 I 节中），则注明"在本分部不适用"字样的原始位置应包含一个交叉引用说明。当某一条款与 USAR 不同时，就应按上述方法识别，并在该条编号之前加上前缀标记"U"。

对 CS‐23 部规章的条款内容进行适用性对比分析，按照Ⅰ.完全适用、Ⅱ.部分适用、Ⅲ.不适用 3 类进行划分，结果如表 6.10 所示。对 STANAG 4671 的条款组成进行分析，按照Ⅰ.沿用（有人机条款完全适用）、Ⅱ.修订（对有人机条款进行修订后适用）、Ⅲ.新增（增加的新条款）3 类进行划分，结果如表 6.11 所示。

表 6.10　CS‑23 条款适用性比例统计

	总条款	完全适用	部分适用	不适用
数量	369	78	190	101
占比/%	100	21.14	51.49	27.37

表 6.11　STANAG 4671 条款来源比例统计

	总条款	沿　用	修　订	新　增
数量	385	78	190	117
占比/%	100	20.26	49.35	30.39

通过以上统计可以看出,在传统载人飞机规章(CS‑23)中,约 20% 的规章条目可直接适用于无人机系统,约 50% 的规章条目在经过修订后可用于无人机系统,而有约 27% 的规章由于载人特征等原因,完全不适用于固定翼无人机系统。因此,在沿用和修订 CS‑23 规章的基础上,STANAG4671 中仍有近 1/3 的规章条目是新增的,该部分应着重考虑地面控制站和通信链路等无人机系统特性。

表 6.12 为 STANAG 4671 与 CS‑23 条款总体情况对比。

表 6.12　STANAG 4671 与 CS‑23 条款总体情况对比

分　　部	子　分　部	有效条款数	新增	修订	删除
A 分部　总则	总则	5	4	1	1
B 分部 UAV 飞行	总则	6		4	
	性能	15	1	11	3
	飞行特性	1		1	
	可操纵性和机动性	3		3	6
	稳定性	1		1	4
	失速	2		2	1
	螺旋	1		1	
	地面操纵特性	4	1	3	2
	综合性飞行要求	2		2	
	弹射助推起飞和火箭助推起飞的无人机	4	4		
	降落伞着陆系统	4	4		

（续表）

分　部	子　分　部	有效条款数	新增	修订	删除
C分部 UAV结构	总则	5		4	
	飞行载荷	19	1	11	
	操纵面和操纵系统载荷	8		5	1
	水平尾翼翼面	4		1	
	垂直翼面	3		2	
	副翼及特殊设备（装置）	2		2	
	地面载荷	13		9	1
	水载荷				9
	紧急着陆情况				2
	疲劳评估	4	1	3	2
	弹射助推和火箭助推起飞的无人机	3	3		
	降落伞着陆系统	5	5		
D分部 UAV设计 与构造	总则	15	2	7	
	机翼	1			
	操纵翼面	4		1	
	操纵系统	14		12	1
	起落架	10	1	3	2
	浮筒和船体				4
	有效载荷及设备舱	3		3	15
	增压	2		2	
	防火	3	1	2	4
	电气搭铁和雷击防护	1		1	
	其他				1
	降落伞着陆系统	1	1		
E分部 UAV动力装置	总则	12		9	1
	燃油系统	16		12	
	燃油系统元件	7		7	
	滑油系统	8		3	
	冷却	4		3	

（续表）

分　部	子　分　部	有效条款数	新增	修订	删除
	液体冷却	2		1	
	进气系统	11		7	
	排气系统	3		3	
	动力装置的操纵元件和附件	5		4	6
	动力装置防火	7		5	5
F 分部 设备	总则	3	1	1	2
	仪表：安装				3
	测量装置安装	6		6	2
	电气系统及设备	7		5	
	灯	9		2	2
	安全设备及应急能力	4	2	2	2
	其他设备	8	2	6	9
	自动起飞系统和自动着陆系统	2	2		
G 分部 操纵限制 与信息	总则	11		7	2
	信息、标记和标牌	6		6	7
	无人机系统飞行手册	6	1	4	
H 分部 指挥和控制 数据链路	指挥和控制数据链路	8	8		
I 分部 UAV 控制站	总则	11	11		
	无人机控制站显示的数据	9	9		
	控制机构或元件	18	18		
	指示器及警告	22	22		
	信息、标记和标牌	8	8		
	综合性要求	4	4		

6.2.2.2　JARUS CS-LURS 和 CS-VLR

CS-LURS 适用于机体最大审定起飞重量不高于 750 kg 的轻型无人旋翼航空器系统。基于 CS-LURS 的目的，轻型无人旋翼航空器是指传统构型的直升机。鉴于运行，本适航规章的适用性限制在白天/晚上仪表飞行规则（VFR）视距内运行，并且不包括所有的人员运输、结冰条件下飞行和特技飞行。

CS-LURS 共包含条款 222 条,其中沿用 CS-VLR 条款 126 条,修订 43 条,新增 53 条(其中新增的控制站分部共计 29 条),删除 34 条。表 6.13、表 6.14 中详细列出了条款的变更情况,包括不变、修订、删除、新增等 4 种情况。

表 6.13　CS-VLR 条款适用性比例统计

	有效条款	直接适用	修　订	删除(不适用)
数量	203	126	43	34
占比	100%	62.07%	21.18%	16.75%

表 6.14　CS-LRUS 条款组成比例统计

	有效条款	直接适用	修　订	新　增
数量	222	126	43	53
占比	100%	56.76%	19.37%	23.87%

通过以上统计看出,在传统载人飞机规章(CS-VLR)中,约 60% 的规章条目可直接适用于无人机系统,约 20% 的规章条目在经过修订后可用于无人机系统,而有约 20% 的规章由于载人特征等原因,完全不适用于轻型旋翼无人机系统。因此,在沿用和修订 CS-VLR 规章的基础上,CS-LURS 中仍有近 1/4 的规章条目是新增的,该部分应着重考虑地面控制站和通信链路等无人机系统特性。

6.2.2.3　JARUS CS-LUAS 和 CS-VLA

CS-LUAS 适用于机体最大审定起飞重量不大于 750 kg 的轻型无人固定翼航空器。对于采用传统设计的无人固定翼飞机,可以采用其他等效的替换准则。鉴于运行,本适航规章不适用于所有的人员运输和结冰条件下的飞行。出于 CS-LUAS 的目的,不能满足附录 E 要求的多发无人固定翼飞机,为能在一个发动机失效后持续安全飞行和着陆,应当被视为单发无人固定翼飞机进行符合性表明。

CS-LUAS 共包含条款 235 条,在 CS-VLA 的基础上删除 80 条,沿用条款 89 条,修订 73 条,此外考虑无人机系统特性新增 73 条(其中新增的控制站分部共计 29 条)。表 6.15、表 6.16 中详细列出了条款的变更情况。

表 6.15　CS‐VLA 条款适用性比例统计

	有效条款	直接适用	修　订	删除(不适用)
数量	242	89	73	80
占比	100%	36.78%	30.17%	33.05%

表 6.16　CS‐LRAS 条款组成比例统计

	有效条款	直接适用	修　订	新　增
数量	235	89	73	73
占比	100%	37.87%	31.06%	31.06%

通过以上统计看出,在传统载人飞机规章(CS‐VLA)中,约40%的规章条目可直接适用于无人机系统,约30%的规章条目在经过修订后可用于无人机系统,而有约30%的规章由于载人特征等原因,完全不适用于轻型固定翼无人机系统。因此,在沿用和修订 CS‐VLA 规章的基础上,CS‐LUAS 中仍有近1/3的规章条目是新增的,该部分应着重考虑地面控制站和通信链路等无人机系统特性。

6.2.3　无人机系统适航审定基础的选择方式

目前全球大型民用无人机的研制能力已经较为成熟,包括传统军用无人机改型、载人飞机改装无人机以及大型无人机的直接研制。在各国局方尚未颁布正式的无人机适航审定规章的前提下,各国大型民用无人机型号合格审定工作将以试点的方式开展,目前 EASA 和 FAA 均有在审的无人机型号,我国也有多款大型民用无人机型号进入到申请准备阶段。

无人机型号合格审定的首要工作,是确定审定基础,审定基础的选择可考虑3种方式:

1)修订相似载人飞机适航规章作为审定基础

根据无人机构型和性能,选取相似的载人飞机规章,对所有条款进行梳理,删除完全不适用无人机的条款,沿用完全适用、修订部分适用的条款,加上与无人机特性相关的要求作为专有条件,形成审定基础。

目前国外在审无人机型号中多采用该种审定基础选择方式,如 EASA 在审的空客 Atlante 参考 CS‐VLA《甚轻型飞机合格审定规范》进行修订、FAA 在审的 Camcopter S‐100 参考 FAR 27《正常类旋翼航空器适航规定》[18]和 FAR 33

《航空发动机适航规定》[19]进行修订。以后者为例，在 FAA 发布的适用适航标准征求意见稿中，完全沿用了 27.27 重心限制等 127 个 27 部条款和 33.15 材料等 16 个 33 部条款，修订了 27.25 重量限制等 56 个 27 部条款和 33.28 发动机控制等 13 个 33 部条款，作为无人机审定基础。

2) 适用行业协会标准作为专有条件

除了在 6.2.1 节分析的 NATO 和 JARUS 制定的适航标准和规范，欧美相关的行业协会也都成立委员会开展相关标准制定工作，主要代表包括：美国航空无线电协会（RTCA）的特别委员会 SC‑203，活动集中在收集和组织用于评估和制定运行、安全性、性能和互操作性要求的信息，在指挥控制和通信（C3），感知和规避（DSA）系统等领域开发通用的无人机最低性能标准（MASPS）；美国实验和材料协会（ASTM）的 F38 委员会，旨在开发促进无人机系统安全运行的切实可行、协商一致的标准，标准涉及无人航空器系统的设计、制造、维修、操作以及对人员的培训和资格认证；欧洲民用航空设备组织（EUROCAE）的 WG‑73 等行业协会，也分别成立委员会开展无人机标准制订工作都可能得到局方的认可作为审定基础。目前 EASA 就以 JARUS 的轻型旋翼无人机合格审定规范 CS‑LURS 作为专有条件，开展 Camcopter S‑100 的审定工作。在欧美 23 部改革背景下，大型无人机后续的审定工作中，行业协会标准将有可能成为局方直接认可的审定基础。

3) 局方认可的企业研制要求作为专有条件

型号申请人可以参考相应的军用标准和行业标准，编写能够覆盖型号合格审定要素的研制要求，由局方认可研制要求中的具体内容，形成设计规范、制造规范、试飞大纲等，从而作为审定基础，开展审查工作。该种方式可能更加适用于有人机改型为无人机的情况，在改型前的有人机取得过局方的型号设计批准的情况下，如果改型对航空器的飞行性能、结构、设计与构造和动力装置等方面影响不大，审定基础将重点关注无人机飞行控制系统、通信链路等无人机专有安全设计要求的特点。以通信链路为例，针对大型民用无人机一般的超视距和长航程的运行特点，应重点关注链路切换和链路失效状态下的安全设计特点，如通信链路的余度设计、链路丢失情况下的自动返航或自主着陆功能等。

针对以上 3 种审定基础的选择方式，结合当前国内外的政策和标准制定情况，按照通用程度、工作量进行总结，结果如表 6.17 所示。其中，修订载人机适航规章作为审定基础较为通用，且工作量适中，适用于大多数常规构型的大型无人机；选取适用行业协会标准作为专有条件，需要与标准制定情况所匹配，且选用标准需得到局方的认可；编写企业研制要求作为审定基础，适用于任何无人机，但需要较大的工作量，在当前情况下，更加适用于针对无人机特殊系统的审定，如已取得型号批准的载人机改型为无人机的情况。

表 6.17　大型民用无人机审定基础选择方式比较分析

项　目	通　用　性	工　作　量
（1）修订相似载人机适航规章作为审定基础。	中，适用于与载人机相似性较高的常规构型无人机	中，需要对部分适用的载人机条款进行修订
（2）适用行业协会标准作为专有条件。	低，依赖于目前已有行业协会标准所适用的无人机	小，选取适用标准后无需其他工作
（3）局方认可的企业研制要求作为专有条件。	高，适用于任何类型的无人机	大，需要编写覆盖审定要素的研制要求形成规范

6.3　无人机系统典型适航要求内容

本章以现有无人机适航要求中的典型条款作为研究对象，选取适用于不同级别的无人机适航标准，并参考载人航空器适航标准 23 部的内容，选取典型条款进行对比分析，选取标准及适用范围如表 6.18 所示。

表 6.18　无人机系统典型适航要求研究对象

标准编号	标　准　名　称	适　用　范　围
CCAR - 23	正常类、实用类、特技类和通勤类飞机适航规定	9 座以下、最大审定起飞重量不超过 5 700 kg 的载人航空器
NATO AEP - 4671	无人航空器系统适航性要求	适用于最大起飞重量在 150～20 000 千克的固定翼军用无人航空器系统
JARUS LUAS	轻型无人固定翼航空器系统合格审定规范	最大审定起飞重量不高于 750 kg 的轻型无人固定翼航空器
NATO AEP - 83	轻型无人航空器系统适航性要求	适用于最大起飞重量不高于 150 kg 并且最大撞击动能大于 66J 的固定翼轻型无人机
ASTM F2910	小型无人机系统设计与构造标准规范	适用于最大起飞重量不超过 25 kg 的小型无人机

选取有代表性的适航技术条款，主要包括载人飞机与无人机有较大共同点

的飞行性能类的失速速度条款和飞行—稳定性条款;此外在结构专业,重点关注鸟撞条款,以及无人机系统特有的地面站的飞行导航数据要求。在所研究的 23 部和无人机标准中,不是所有标准都编写了以上要求,总体的条款对应情况如表 6.19 所示。

表 6.19 选取典型适航条款对应关系

标准编号	失速速度	飞行—稳定性	鸟　撞	飞行导航数据
CCAR - 23	23.49	23.171	23.775/1 323	无
AEP - 4671	USAR.49	USAR.171	USAR.U631	USAR.1723
CS LUAS	无	LUAS.171	无	LUAS.1725
AEP - 83	UL.41	UL.50	UL13.2	UL32.1
ASTM	F2910 5.10.1	F2910 5.10.4	无	F2910 5.6/F3002 9.2

6.3.1 失速速度

6.3.1.1 条款基本情况

"失速速度"是载人航空器 23 部适航规章 B 分部飞行中性能条款。失速速度是飞机的固有特征,是飞机飞行性能的基本参数,在载人航空器适航规章中,关于性能和操稳品质的很多条款都是以失速速度为基础进行定义的。

AEP - 4761 是基于 23 部进行编制的,因此条款编号相同,仍为 USAR.49 条。

JARUS LUAS 无失速相关条款。

AEP - 83 是针对轻型固定翼无人机的适航标准,编写并未按照载人航空器适航规章按分部的编写规则,而是以基本要求加详细要求的方式,类似于分部加条款的编写方式,失速速度在系统运行层面的适航要求(ER 2)中的第 41 条。

ASTM F2910 是小型无人机系统设计与构造标准规范,在当前 ASTM F38 无人机系统标准体系下,飞行性能、结构强度等相关内容都在该标准中,失速在 5.10.1 节。

6.3.1.2 条款内容对比

将无人机适航要求进行翻译,并与 23 部(本书选用 CCAR - 23 - R3)的对应条款进行对比,条款内容如表 6.20 所示。

6.3.1.3　条款要求对比分析

在失速速度要求上,AEP - 4671 与 23 部基本保持一致,具体差异体现为两点:(1)在失速速度 V_{S0} 和最小定常飞行速度 V_{S1} 的确定方式上,23 部要求必须通过飞行试验确定,而 4671 放宽到在审查局方认可的前提下,也可以通过分析计算确定。

(2) 23 部规定了一些 V_{S0} 和 V_{S1} 不得超出 61 kn[①] 的情况(如单发飞机等),4671 不再对此进行规定,放宽了无人机的性能要求。

CS LUAS 在编写中删除了失速速度的条款。

AEP - 83 进一步简化了失速速度的确定条件,仅要求按照最适当的重量和重心组合确定失速速度,同时也允许在审查局方认可的前提下通过分析确定,但对不进行飞行试验确定的失速速度,额外要求通过飞行演示确定一个最小演示速度。此外,失速有可能成为无人机着陆或应急恢复的一种方式,在该种情况下,必须通过飞行试验确定失速速度。另外,从运营要求的角度,在局方认为必要的情况下应当将失速速度提供给运营人。

ASTM F2910 没有对失速速度提出确认和验证要求,5.10.1"失速"要求的重点在于要求提供必要的告警功能,包括对告警形式和告警值的要求。此外,在控制站的最小可选速度应当设置为不低于最大起飞重量平飞状态的 1.1 倍失速速度。失速速度条款适航要求对比如表 6.20 所示。

表 6.20　失速速度条款适航要求对比

CCAR - 23	AEP - 4671	AEP - 83	ASTM F2910
(a) V_{S0} 和 V_{S1} 是在下列状态下的失速速度或最小定常飞行速度,以 kn 计(校准空速),在该速度下飞机是可操纵的:(1)对活塞发动机飞机,发动机慢车、油门关闭或在不超过 110% 失速速度时处于零推力所需的功率;(2)对涡轮发动机飞机,在失速速度下推力不大于零,或,如	(a) V_{S0} 与 V_{S1} 为失速速度或最小定常飞行速度,以 kn(CAS)为单位,在此速度下,无人机是可控的,通过采用如下措施:(1)对于以活塞式发动机驱动的无人机,发动机空转,油门关闭或使用未超过零推力的功率,或处在一个未超过失速速度 110% 的速度;	UL41.1　任意气动构型下的机翼级失速速度必须按照最适当的重量和重心组合,通过分析(审查方批准同意)或飞行试验(油门关闭,以不超过 1 kn/s 的速度	5.10.1.1对于没有装备自动失速保护设备的小型无人机,应当提供一种方法,使无人机在接近失速时能对驾驶员提供

---

① 1 kn=1 n mile/h=1.852 km/h。

（续表）

CCAR - 23	AEP - 4671	AEP - 83	ASTM F2910
果所产生的推力对失速速度没有显著影响，则发动机慢车并且油门关闭；(3)螺旋桨处于起飞位置；(4)飞机处于 V_{S0} 和 V_{S1} 试验时所处状态；(5)重心处于导致最大 V_{S0} 和 V_{S1} 值时的位置；(6)重量为以 V_{S0} 和 V_{S1} 作为因素来确定是否符合所要求的性能标准时采用的重量。 (b) V_{S0} 和 V_{S1} 必须由飞行试验来确定，用第 23.201 条规定的程序并满足该条飞行特性要求。 (c) 除本条(d)的规定外，对于下列情况，最大重量时的 V_{S0} 和 V_{S1} 不得超过 61 kn： (1) 单发飞机；和(2)在临界发动机不工作情况下，不能满足第 23.67(a)(1)规定的最小爬升率要求的，最大重量等于或小于 2 722 kg (6 000 lb)的多发飞机。 (d) 所有单发飞机和最大重量等于或小于 2 722 kg (6 000 lb)的多发飞机，V_{S0} 超过 61 kn 不能满足第 23.67(a)(1)规定的最小爬升率要求，必须符合第 23.562 条(d)的规定。	(2)对于以涡轮发动机驱动的无人机，在失速速度时推力可以不超过零，或者，若合成推力对于失速速度没有可感觉到的效果，可以采用发动机空转和油门关闭的措施；(3)螺旋桨处于起飞位置；(4)使无人机处于使用 V_{S0} 与 V_{S1} 两种速度的试验或计算状态下；(5)使重心处于能够产生最大的 V_{S0} 与 V_{S1} 两种速度的位置；(6)无人机重量应采用——将 V_{S0} 与 V_{S1} 作为确定对所要求性能标准符合性的因素时所采用的重量。 (b) V_{S0} 与 V_{S1} 必须通过以下方式确定： (1) V_{S0} 与 V_{S1} 必须通过分析确定，而前述分析应基于审查当局所认可的计算方法； (2) V_{S0} 与 V_{S1} 必须通过飞行试验确定，而前述飞行试验采用了 USAR.201 所规定的程序，并满足了 USAR.201 所规定的飞行特性。 (c) 不适用。	减速)予以确定。 UL41.2 如果失速速度没有通过飞行试验证明，则必须通过飞行演示确定一个最小演示速度 ($V_{min_{DEMO}}$)，该速度必须足够低于最小运行速度 ($V_C - min$)。 UL41.3 如果失速作为紧急恢复或着陆无人机的一种方法，失速速度必须通过飞行试验证明。 UL41.4 如果审定局方认为对避免不利条件是必要的，失速速度必须提供给运营人。	告警。告警应当供驾驶员使用，是可听见或独特的声音，或闪烁的视觉显示，或上述二者组合，并且在飞机到达失速速度/迎角值的110%或以上时启动。 5.10.1.2 制造商应将小型无人机系统设计成，任何安全飞行的偏离可以通过某个单独操作使其恢复受控飞行状态。 5.10.2 ……控制站上的最小可选择速度应限制为在最大起飞重量平飞状态下的1.1倍失速速度。

综上所述，除了 CS LUAS 删除了"失速速度"这一条款(虽然删除了这一条款，但是在其他条款中仍然有失速速度的概念，只是没有对失速速度的确定和验证要求)，随着条款要求适用无人机系统的级别降低(最大起飞重量降低)，对失速速度的要求也逐渐放宽，并且允许通过分析计算的方法进行符合性验证，对于小型无人机系统，甚至不再提出确定条件和验证要求。

6.3.2 飞行——稳定性

6.3.2.1 条款基本情况

"稳定性"是载人航空器23部适航规章B分部飞行中的一个专题,包含171~181共5个条款,内容涵盖了纵向和横航向的静稳定性及动稳定性要求,稳定性是飞机/无人机安全飞行的最基本要求。

AEP-4761、JARUS LUAS沿用有人机适航规章编号体系,仅保留稳定性专题中的171条总则要求。

AEP-83编写并未按照载人航空器适航规章按分部的规则编写,稳定性要求为UL.50条。

ASTM F2910是小型无人机系统设计与构造标准规范,在当前ASTM F38无人机系统标准体系下,飞行性能、结构强度等相关内容都在该标准中,稳定性在5.10.4节。

6.3.2.2 条款内容对比

将无人机适航要求进行翻译,并与23部(本书选用CCAR-23-R3)的对应条款进行对比,条款内容如表6.21所示。

6.3.2.3 条款要求对比分析

在载人飞机适航规章中,23部的稳定性要求共包括5个条款,其中171条总则提出了基本要求,重点要求飞机要按照23.173~23.181的规定,是纵向、航向和横向稳定的。并且强调表明具有合适的稳定性和操纵感觉(静稳定性)。

相关条款:

(1) 第23.173条:纵向静稳定性。

(2) 第23.175条:纵向静稳定性的演示。

(3) 第23.177条:航向和横向静稳定性。

(4) 第23.181条:动稳定性。

针对无人机系统的稳定性要求,AEP-4671,CS LUAS,AEP-83编写的条款内容基本保持一致,相比于载人飞机的稳定性要求,无人机适航条款简化为3款,一是在预期运行条件下的任何重量重心组合下都是纵向、横向和航向稳定的;二是要求在飞行状态和飞行模态切换时,所有轴的瞬态响应平稳收敛,以目标飞行路径的最小超调量展示阻尼特性;三是给出了对应的符合性验证方法,包括分析计算、地面模拟器试验以及飞行试验,其中飞行试验是必须的。对于小型无人机系统,ASTM标准仅保留了上述第一条基本要求。

此外,上述无人机系统的适航要求均不再区分静稳定性和动稳定性,考虑无人机的操纵方式,上述要求应当仅针对静稳定性。

表 6.21 稳定性条款适航要求对比

CCAR-23	AEP-4671	CS LUAS	AEP-83	ASTM F2910
23.171 总则 飞机必须按照 23.173～23.181 的规定,是纵向、航向和横向稳定的。此外,如果试飞表明对安全运行有必要,则在服役中正常遇到的任何条件下,必须表明有合适的稳定性和操纵感觉(静稳定性)。	USAR.171 总则 (a) 由包含了所有降级工作状态的 FCS(飞行控制系统)所增强的无人机,必须在服务过程中任何可能遇到的情况下,在任何审查要求的重量与重心组合模式下,都能够保证纵向、航向和横向的稳定。 (b) 在不同的飞行状态和飞行模态间进行转换时,所有轴的瞬态响应必须是平稳、收敛的,并以相对于目标飞行路径的最小超调量来展示其阻尼特性。 (c) 除了通过计算或模拟获得的数据之外,还必须以相关飞行试验的结果来支持稳定性分析工作。	与 AEP-4671 内容完全相同	UL.50 稳定性 UL50.1 由包含了所有降级工作状态的 FCS(飞行控制系统)和人工操纵条件(如适用)所增强的无人机,必须在服务过程中任何可能遇到的情况下,在任何审查要求的重量与重心组合模式下,都能够保证纵向、航向和横向的稳定。 UL50.2 在不同的飞行状态和飞行模态间进行转换时,所有轴的瞬态响应必须是平稳、收敛的,并以相对于目标飞行路径的最小超调量来展示其阻尼特性。 UL50.3 除了通过计算或模拟获得的数据之外,还必须以相关飞行试验的结果来支持稳定性分析工作。	5.10 系统等级 5.10.4 稳定性 除了旋翼无人机和采用增稳系统的小型无人机,其他无人机应当设计为在飞行包线内的任何重量与重心组合模式下,都能保证纵向、航向和横向的稳定。

6.3.3 鸟撞

6.3.3.1 条款基本情况

目前 23 部对鸟撞并未单独形成适航条款(25 部运输类飞机适航规章 25.631 条有鸟撞损伤条款,要求尾翼结构的设计能抵抗 8 lb 鸟的撞击),对鸟撞的要求分布在 23.775 条和 23.132 3 条,并且都针对的是通勤类飞机,也就是较高级别的 23 部飞机,要求风挡玻璃及支撑结构必须承受 2 lb 鸟的撞击而不会击穿,如果安装两套空速表,必须间隔足够距离防止鸟撞使其同时损坏。

在无人机系统适航标准中,只有北约编制的标准中规定了鸟撞的要求。

6.3.3.2　条款内容对比

将无人机适航要求进行翻译,并与 23 部(本书选用 CCAR 23 部 R3 版)的对应条款进行对比,条款内容如表 6.22 所示。

表 6.22　鸟撞条款适航要求对比

CCAR-23	AEP-4671	CS LUAS	AEP-83	ASTM
23.775　风挡和窗户 (h) 此外,对于通勤类飞机,必须符合下列要求: (1) 驾驶员正常工作时,驾驶员前面的风挡玻璃及这些玻璃的支承结构必须承受 2 lb 鸟的撞击而不会被击穿,此时飞机(沿飞机航迹相对鸟)的速度为最大进场襟翼速度。 第 23.1323 条空速指示系统 (f) 对于通勤类飞机,如果要求有两套空速表,则其各自的空速管之间必须相隔足够的距离,以免鸟撞时两个空速管都损坏。	USAR.U631　鸟撞 (a) 必须保证所设计的无人机在受到 2 lb 鸟撞时,不会出现失控飞行和/或失控坠毁。无人机在受到撞击(相对于沿着无人机飞行路径的鸟)时的海平面速度等于按 USAR.335 选定的 V_c。仅当分析是基于在充分代表了相似设计的结构上进行的试验时,才可以通过分析来证明符合性。 (b) 无人机防鸟撞的保护程度应通过对预期尺寸和无人机使用基本原理的分析来确定,而且应征得审查当局的认可。	无鸟撞相关要求。	UL13.2　鸟撞 无人机防鸟撞的保护程度应通过对预期尺寸和无人机使用基本原理的分析来确定,而且应征得审查当局的认可。	无鸟撞相关要求。

6.3.3.3　条款要求对比分析

AEP-4671 要求无人机必须保证受到 2 lb 鸟撞时不会造成飞行失控甚至坠毁。与载人航空器规章相比,差异主要体现在两个方面:

(1) 由于无人机系统不存在风挡和窗户,因此防鸟撞要求不再限定撞击区域,统一概括为无人机受到鸟撞不会出现失控坠毁,也包括第 23.1323 条规定的空速管,对于该条的符合性,AMC 提出:申请人应当对无人机系统的设计安装项目进行评估,确定受鸟撞后会造成灾难性事故的关键系统和部件,进而通过提供冗余结构或保护设备(如分流板或吸能材料)等方式来保证该条款的符合性要求。

(2) 在撞击条件的考虑上,23 部要求鸟撞时的飞机速度为最大进场襟翼速度,所预期的撞击条件是载人飞机在进近(或起飞)阶段的低速飞行状态,4671

要求鸟撞时的无人机速度为设计巡航速度V_c,将撞击条件扩展到巡航飞行状态,本质上要求的撞击条件更苛刻,对于同等量级性能相近的23部飞机和无人机而言,无人机防鸟撞要求相对更高。此外,由于 AEP-4761 适用范围的最大起飞重量 150 kg～20 000 kg,这个范围超出了 23 部规定的限制范围(VLA 不超过 750 kg,正常类不超过 5 700 kg,通勤类不超过 8 618 kg),因此对于适用范围内的偏小型和偏大型的无人机系统,防鸟撞的保护程度证应当按照(b)条分析确定且得到审查方的认可。

AEP-83 适用于最大起飞重量不超过 150 kg 的无人机系统,因此对防鸟撞能力不做具体的规定,要求与 4671 的(b)条相同,由申请人分析确定并得到审查方认可即可。

CS LUAS 和 ASTM 标准没有编制鸟撞的相关要求。

6.3.4　地面站——飞行导航数据

6.3.4.1　条款基本情况

地面控制站是无人机系统的特有系统,在人机分离的运行模式下,地面控制站是地面操纵人员与无人机的交互载体,机组通过地面站向无人机发送操纵指令,同时通过地面站显示数据获取无人机的实时运行状态,因此地面站显示的飞行导航数据十分重要。

AEP-4761 的 I 分部是特别针对无人机地面控制站编写的要求,其中 U1723 条为飞行和导航数据。类似的,JARUS LUAS 在 1725 条给出飞行和导航数据要求。AEP-83 在 UL32.1 条列出至少应在地面站显示的飞行和导航数据。

ASTM 系列标准在 F2910 小型无人机系统设计与构造标准规范中给出了总体要求,并具体引出 F3002 小型无人机系统指挥和控制系统设计规范中。

6.3.4.2　条款内容对比

将无人机适航要求进行翻译,由于地面站是无人机系统特有条款,在载人飞机适航规章中没有相关要求,因此仅对无人机系统适航标准内容进行对比,条款内容对比如表 6.23 所示。

表 6.23　地面站—飞行导航数据条款适航要求对比

AEP-4671	CS LUAS	AEP-83	ASTM 标准
(a) 如下是飞行和导航数据的最小要求,这些数据必须在控制站内进行全时间显示,并以与安全操作相一致的频率进行刷新:(1)指示空速;(2)气压高度和相关的高度计设置;(3)航向和轨迹;(4)无人机位置:必须在由机组成员选定比例和详细程度的地图上对无人机的位置进行连续的显示,以确保飞行安全;(5)当启用了 USAR.1329 中定义的半自动飞行控制模式时,发到无人机上的指令性飞行和导航参数必须在无人机控制站中显示。 (b) 考虑到 USAR.1722 的要求,如下飞行和导航数据的最小需求应是可选择的,当无人机机组成员查询时,这些数据可获得并能够在控制站内加以显示,而且以与安全操作相一致的频率进行刷新:(1) USAR.1505 到 USAR.1513 所规定的空速限制条件;(2)侧滑角度;(3)自由空气温度;(4)用于以下情况的速度警告装置:(i)采用涡轮发动机的无人机;(ii)其他无人机,按照 USAR.335(b)(2)和 USAR.1505 (c)规定为这些无人机创建了 *VMO/MMO* 和 *VD/MD*,如果 *VMO/MMO* 大于 0.8 倍的 *VD/MD*。只要超过了经审查当局许可的速度,速度警告装置必须要发出有效的声音告警(与用于其他目的的声音警告有明显的区别)。警告装置制造误差的上限不允许超过规定的警告速度。下限的设置必须能够将事故告警最小化。然而,当证明了无人机被禁止达到很高的速度时,对速度警告装置精确设置的需求可能要考虑由飞行控制系统所维持的高速保护的存在。(5)无人机位置:(i)相对于 LOS 数据线路传输器或接收器的无人机位置必须以范围和方位的形式加以显示;(ii)无人机在计划的地面轨迹与实际飞行路径之间的偏离。(6)无人机以横滚和俯仰形式体现的姿态;(7)垂直速度;(8)时间;(9)导航系统状态;(10)当多个无人机被操纵时,按 USAR.1883(b)进行的无人机识别;(11)无人机水平面上的风向和风速,如果只有轨迹数据被显示给无人机机组成员。	(a) 以下这些数据是在地面控制站中保证要一直显示的飞行和导航数据种类的最低要求,其数据更新率要保证操纵人员能够安全操纵:(1)指示空速;(2)高度;(3)姿态;(4)航向或航迹;(5)远程驾驶航空器的位置。 (b) 以下这些数据是在当远程操纵人员要求时可以提供给地面控制站的飞行和导航数据种类的最低要求,其数据更新率要保证操纵人员能够安全操纵:(1)地速;(2)空速的最小和最大限速以及相应的警告;(3)垂直速度;(4)导航系统状态。	UL32.1　应当至少在地面控制站显示以下飞行和导航数据,且数据更新速率应当能确保安全飞行:(1)指示空速;(2)地速;(3)压力高度和相关高度计设置;(4)航向;(5)航迹;(6)无人机位置(地图比例可由驾驶员选择),及规划航迹与实际航迹间的偏差(另见 UL44.3);(7)无人机相对于 LOS 数据链路发射机/接收机的位置在距离、方位和高度方面显示;(8)在开启半自动飞行控制模式(如高度保持、航向保持、空速保持)的情况下,必须显示发送到无人机的飞行或导航指令参数;(9)空速最小和最大限制(见 UL2.1)和相应的速度警告;(10)无人机高度;(11)垂直速度;(12)导航系统状态;(13)加速度计(为了避免在手动操纵条件下的结构极限超限,在没有其他替代手段避免 g 超限的情况下)。	F2910 5.6.3　飞行、导航和电力显示-小型无人机系统应该能够下行传输 5.6.4 规定的飞行、导航和电力相关数据参数。 5.6.4　控制站应向驾驶员提供准确控制小型无人机系统所需的所有信息。有关设计要求,请参阅 F3002 规范。(注:不适用于无线电操控的简单航模) F3002 9.2.1　向控制站提供位置和高度数据。 9.2.2　(其余均为对数据链传输相关的要求)

6.3.4.3　条款要求对比分析

AEP‑4761 将地面站飞行导航数据的要求分为两种,一种是必须在控制站内全时间显示,并以与安全操作相一致的频率进行刷新的数据,是地面站实时飞行和导航数据的最低要求,另一种是当机组成员查询时能够在控制站显示并以与安全操作相一致的频率进行刷新的数据,这类数据的显示是可选的。类似的,CS LUAS 也要求地面控制站能够按照上述两条要求提供飞行和导航数据,只是具体要求的数据项有所区别。

AEP‑83 的要求没有区分上述两种数据类型,要求的数据项目基本与 AEP‑4671 和 JARUS CS LUAS 的要求一致,只是在个别数据项有所区别。

ASTM F3002 的地面控制站功能要求对飞行和导航数据的显示要求仅有位置和高度数据,其他显示要求均为与数据链路状态相关(如 C2 链路上下行误码率等)的数据。

通过上述要求,可以总结出地面站飞行与导航的基本数据要求:①要求实时显示的数据——指示空速、气压高度、航向和航迹、无人机位置;②要求能够选择性显示的数据——地速、空速限制及告警、垂直速度、导航系统状态等。

6.4　面向我国的无人机系统适航要求建议

目前,我国民航局方在通航及无人机的管理上,强调基于风险的监管,趋向于用更加灵活的监管方式,以期最大限度地达到监管力度和安全水平的平衡,在此背景下,无人机系统型谱广泛、技术发展迅速、产品更新快,传统的有人机适航管理的框架和要求已经不能完全适应无人机系统的监管需求,因此结合当前的政策框架,需要在以下几个方面开展重点工作。

1) 强化分级分类管理,推进立法推进

从欧美无人机适航管理政策的发展来看,欧美已经认识到无人机的运行环境和产品设计都呈现多样性,背后的潜在风险也不同,因此应当建立与不同风险相适应的无人机适航管理模式,对无人机实行分级分类管理。当前,中国民航局的无人机监管基本思路与国际上一致,强调基于风险的适航管理,并且针对高风险的大型无人机开展适航审定试点工作,针对中等风险的无人机颁布了《AC‑92 特定类无人机试运行管理规程(暂行)》的咨询通告,在此基础上,继续强化分级分类管理的思路和概念,逐渐建立与无人机运行风险相适应的监管措施,形成相应的法规、规章等。

　　针对低风险的小型无人机系统(一般定义为最大起飞重量不超过 25 kg 的无人机),美国已经颁布并实行 Part 107 部运行规章,欧洲也已经发布规章制修订通告 NPA-2017-05 并已经完成多轮意见征求工作,将开放类和特许运行类的监管方法形成规章,而我国现在的无人机系统监管政策尚以咨询通告的形式给出,目前民航局空管办公室、飞行标准司和适航审定司正在联合制定 CCAR-92,有望在近年出台第一部无人机系统的民航规章。

　　2) 加强基础科研,做好技术储备

　　管理政策的制定,必须依托科研和技术的储备,从欧美无人机系统管理政策制定的进程看,在制定相关政策和规章之前,开展了大量的基础研究,为政策制定提供了科学的技术依据。以 FAA 为例,为逐步解决由低风险到高风险的无人机系统管理问题,FAA 依托无人机测试基地、高校、行业协会等开展了撞击动能、地面和空中碰撞研究、飞行试验、标准开发等一系列科研与验证工作。其中,FAA 通过"无人机系统卓越中心计划"开展了多项立法制定前的基础科研工作,包括无人机系统地面撞击严重性评估、无人机系统空中撞击严重性评估、无人机超视距运行下的感知和避让要求、无人机系统控制站最低标准和指南建议等,为 FAA 逐步由低风险向高风险的无人机运行制定政策或批准豁免提供了参考依据。

　　近年来,我国也开展了一些无人机系统适航管理所需的支撑性科研工作,如无人机与有人机碰撞影响分析与试验、大型无人机系统适航审定试点等基础工作,后续应当继续以此为基础,重点开展能够解决无人机系统适航管理基础问题的相关科研活动,充分联合行业力量,发挥企业、协会、高校等单位的优势,形成具有国际影响力和工程实践价值的基础科研成果。

　　3) 辨识可控安全性目标,系统性编制适航规章及落地支撑标准

　　无人机系统的适航管理,尤其是针对未来将进入融合空域运行的大型民用无人机系统,仍应参考有人机的适航管理体系和方法。在管理体系上,应当全面地对航空器、组织和人员开展审定,除了对无人机系统进行适航审定外,还应当关注与无人机系统相关的组织和人员的适航管理,负责设计、生产、维修和培训的机构应当证明自己有能力控制这些活动所带来的风险,这需要他们分别持有设计、生产、维修和培训机构的批准,运行机组也必须获得相应的资质,上述内容都应当在后续的适航规章体系中予以体现,可以是新编规章,也可以将相关内容修订在原有的载人航空器适航规章中。

　　面向航空器的适航规章编制的具体问题,虽然此前欧美在无人航空器系统

规章制定上有一些成果,如前文所述的几个适航规范,其基本思路均为参考有人机适航规章框架进行修订、剪裁和增补,形成无人机系统适航要求。而无人机系统相比于有人机,型谱更加广泛、构型更加多样、技术与产品更新迭代更快,因此如果采用传统的适航规章编制思路,将无法满足无人机系统的技术发展需求,因此建议参考欧美对 23 部通用飞机适航规章的改革的思路和具体措施,通过提炼安全目标,编制以总体目标要求为基础的无人机系统适航规章。

欧美局方在 2018 年重组了 23 部通用飞机适航规章,用基于性能的适航标准取代了当前规定的设计要求,将原来的规章分解为顶层的安全目标要求(新规章)和具体的适航设计标准(行业共识标准)。新规章仅保留 68 个适航条款,仅保留基本的安全目标要求,而将一些具体、特定的技术或方法转而采用其他设计标准或指南。JARUS 已经参照这一思路开展无人机系统适航规范的编制,将合格审定要求分解为顶层的安全目标要求和具体的适航设计标准。以适航审定规范部分规定目标要求,以 CS‐LURS、CS‐LUAS 及其他可接受标准(可由行业协会制定)作为适航设计标准(ADS),用以表明符合适用的所有目标要求。这一思路将更好地适用于构型多样、技术快速发展的无人机适航审定,在通用的安全目标要求下,可以通过对应的可接受标准(LUAS、LURS 以及其他行业标准如ASTM、SAE)表明对目标要求的符合性,提供更灵活、与安全性水平需求更一致的适航管理手段。如前所述,在新体系下合格审定规范(规章)仅给出顶层的目标要求,对目标要求的符合工作,将落实在 ADS 中,而 JARUS 此前编制的CS‐LURS、CS‐LUAS 均可作为 ADS 支撑无人机的适航性设计和符合性验证工作。除此之外,行业协会标准也可作为局方所接受的 ADS(类似如欧美新23 部对 STM F44 标准的认可)。

目前,我国也在开展适航标准的编制工作,以支撑基于运行风险的无人机适航审定指导意见的"一套标准"的建设,从而为无人机系统型号的适航性设计和符合性验证提供可参考的依据。此外,除了初始适航所需的设计标准,无人机系统的适航管理所需的标准体系应当是包含无人机设计、运行、维护等全寿命周期的,在本书第 4 章所构建的"通用无人机系统安全性动力学模型"中包含的以运行为主线、设计和维护为支持的风险机理分析所涵盖的相关因素都应当在适航管理及标准体系中予以系统性考虑。建议的标准体系应当至少包括以下标准:

1) 无人机系统设计系列标准

无人机系统设计应满足相关的设计标准(如工业标准),包括无人机本体、动力装置、飞控系统、地面控制站等无人机分系统的设计和性能要求。

2）无人机系统制造系列标准

无人机系统制造应满足相关的制造标准（如工业标准），包括无人机本体、动力装置等无人机分系统以及进一步的部件级产品的制造要求，如通用零部件制造要求、工业和工装要求等。

3）无人机系统维护标准

无人机系统维护应符合相应的要求（如工业标准），包括维护的流程、方法、环境、条件、程序等。

4）C3 数据链路性能标准

无人机系统的测控数据链路应满足相应的最低性能要求以适用于运行。

5）无人机系统通用质量特性标准

无人机系统的设计应当考虑安全性、可靠性、测试性、维修性、保障性等通用质量特性。

6）无人机产品检验标准

对无人机产品进行检验（产品检验）以确保与设计要求和运行概念相符合。

7）运行程序标准

运行程序经过定义、确认和遵守，通过标准化的运行程序进行约束。

8）运行机组人员培训标准

运行机组人员经过运行基础培训，并且具备异常情况的处理能力。

9）人机接口与人为因素评估标准

通过人为因素评估，确保人机接口能够适应飞行任务，具备基础的人为差错恢复能力。

10）无人机系统环境试验标准

无人机系统的设计考虑不利的运行条件（如 DO‐160 相关环境测试），安全运行环境能够被定义、可测量并被遵守。

11）运行支持系统选用标准

无人机设计考虑运行支持系统的恶化情况（如 GPS、UTM），采用多余度或者相应的运行程序应对运行支持系统的恶化情况。

6.5　本章小结

本章基于当前国内外对多类型无人机系统适航管理的思路和要求，对面向中等风险无人机系统的运行风险评估方法和面向高风险无人机系统的适航要求开展了研究,为面向我国的无人机系统适航管理和适航要求制定工作提出建议。

本章首先基于无人机联合规章制定机构(JARUS)制定的《特定运行风险评估指南(SORA)》给出的评估流程补充了评估的具体方法,尤其是针对无人机运行中最主要的对地撞击风险,给出了一种定量的描述方法并进行了演示,综合考量无人机构型、性能与运行环境,建立撞击致死率表征的运行安全目标水平与无人机系统失效率表征的航空器本体安全水平的定量关系,在运行安全目标水平确定的情况下,可以用于评估无人机系统所应达到的本体安全水平,从而将定性评估扩展到定量评估。通过前文所述的安全性动力学方法及模型的应用,可以该方法输出结果在浮现属性层级进行变量的集成。

其次,对当前欧美已有的适航标准及规范开展研究,梳理目前已有的适航标准及规范体系,重点对适用于多类型无人机系统的 STANAG 4671、CS - LURS、CS - LUAS 合格审定规范及要求内容开展分析,可以看出三者均参照了有人航空器的适航规章框架,并针对无人机系统的特殊性新增对应的分部,而针对具体的子分部或条款,通过剪裁和增补,最终基于已有的有人航空器的适航规章,形成新的无人机系统的适航要求。从结果上看,有约 70% 的适航要求是由有人机适航条款直接沿用、修订而来,有人机适航要求对无人机系统仍然具有参考价值。

在上述研究基础上,面向我国的无人机系统适航要求建议,核心在于系统性全寿命周期内面向适航的标准体系建设,本书提出的无人机系统安全性动力学方法,旨在针对无人机系统"研制—维护—运行"全过程的"社会—技术"系统组织性行为复现与风险机理模式辨识,与安全性有关的风险管控措施和对无人机系统特性的预先辨识(尤其是其运行模式、可靠性特征都不同于有人机)均应在无人机系统全寿命周期的适航规章制定和安全管理工作中充分考虑,反映为与之适应的无人机系统适航标准体系。

参|考|文|献

[1] JARUS. Guidelines on Specific Operations Risk Assessment (SORA)[S]. Joint Authorities for Rulemaking of Unmanned Systems,2019.

[2] ASTM F3178 - 16, Standard Practice for Operations Risk Assessment of Small Unmanned Aircraft Systems [S]. American Society for Testing Materials (ASTM),2016.

[3] FAA Order 8040. 4B, Safety Risk Management Policy [S]. Federal Aviation

Administration (FAA)，2017.

[4] AC - 92 - 2019 - 01,特定类无人机试运行管理规程(暂行)[S].中国民航局,2019.

[5] ICAO. Doc 10019, Manual on Remotely Piloted Aircraft Systems (RPAS) [S]. 2015.

[6] Weibel R E, Hansman R J. Safety considerations for operation of different classes of UAVs in the NAS, AIAA 3rd "Unmanned Unlimited" Technical Conference [C]. Workshop and Exhibit, 2004.

[7] Dalamagkidis K P, Valavanis L A P. Evaluating the risk of unmanned aircraft ground impacts, 16th Mediterranean Conference on Control and Automation Congress Centre [C]. 2008.

[8] Range Safety Group, Range Commanders Council. Common Riskcriteria Standards for National Test Ranges: Supplement [R]. Supplement to document 321 - 07,2007.

[9] Range Safety Group, Range Commanders Council. Range Safety Criteria for Unmanned Air Vehicles—Rationale and Methodology Supplement [R]. Supplement to document 323 - 99, Dec 1999.

[10] 中国国家统计局. 中国统计年鉴[R]. 中国统计出版社,2010.

[11] 张泽京,张曙光,柳旭.无人机系统安全目标水平预估方法[J].航空动力学报,2018,33 (4):1017 - 1024.

[12] STANAG 4671, Unmanned Aerial Vehicles Systems Airworthiness Requirements (USAR)[S]. North Atlantic Treaty Organization (NATO), 2017.

[13] CS - 23, Certification Specifications and Acceptable Means of Compliance for Normal, Utility, Aerobatic, and Commuter Category Aeroplanes [S]. European Aviation Safety Agency, 2017.

[14] CS - LURS, Certification Specification for Light Unmanned Rotorcraft Systems [S]. Joint Authorities for Rulemaking of Unmanned Systems (JARUS), 2013.

[15] CS - LUAS, Recommendations for Certification Specification for Light Unmanned Aeroplane Systems [S]. Joint Authorities for Rulemaking of Unmanned Systems (JARUS), 2016.

[16] CS - VLR, Certification Specifications for Very Light Rotorcraft [S]. European Aviation Safety Agency, 2008.

[17] CS - VLA, Certification Specifications for Very Light Aeroplanes [S]. European Aviation Safety Agency, 2009.

[18] FAR - 27, Airworthiness Standards: Normal Category Rotorcraft [S]. Federal Aviation Administration (FAA), 2017.

[19] FAR - 33, Airworthiness Standards: Aircraft Engines [S]. Federal Aviation Administration (FAA), 2015.

附录 A 典型无人机系统案例事故信息

A.1 2006年4月25日"捕食者"无人机系统事故过程

依据 2007 年 10 月 31 日 NTSB 对该年 4 月 25 日的事故的调查报告（见第 3 章参考文献[11]），本书对本次事故发生过程进行了梳理，如表 A.1 所示。

表 A.1 2006 年 4 月诺格拉斯 MQ‐9"捕食者"B 无人机事故过程

时间轴	涉及组织或人员	通信模式	近因事件	备　注
04.24 1700	AT	直连及卫星	AT 在系统准备时不能接通 PPO‐1/2 的 UL 信号（多次开/关电源无效），报告 GA‐ASI 主管以寻求技术支持人员，在交换 PPO 的处理器板卡后，UL 均连通	此为预定起飞时间
1851	LRE	直连及卫星	事故无人机（MA）由 PPO‐1 上飞行员操纵从亚利桑那州谢拉维斯塔 Libby 陆军机场（FHU）起飞，CPO 通过 PPO‐2 调整机载摄像头光圈大小	起飞无异常
1900	MCE (MP)		MA 正常移交到 MCE 执行预定任务	飞机进入 TFR 空域，无异常
2000	AT	卫星	AT 离开 PPO 工作区	AT 前往位于地面站后部的工作站

（续表）

时间轴	涉及组织或人员	通信模式	近因事件	备注
2100	MCE（NMP）		MA 的操纵由事故飞行员（MP）移交给 NMP	违规换岗
0139			NMP 向 ATC 要求并获得依照 COA 所定义的 TFR	
04.25 0230	MCE（MP）		MA 的操纵由 NMP 移交给 MP	Change-over 简报正常，且 NMP 操纵时段中未更改任何设置
0325—0332	MCE（MP）	卫星通信中断	PPO-1 的下方显示器黑屏后重亮，数据传输锁死。AT 也同时发现该问题，建议 MP 应将控制切换到 PPO-2，AT 随后返回自己岗位开启程序记录 PPO-1 在运行的数据并再次建议 MP 切换到 PPO-2。此时，MP 电话通知了他的教员（IP）前来协助。MP 随后告知 CPO 需要使用 PPO-2，CPO 离开地面站。MP 在确认发动机点火处于"hot"状态且飞行增稳系统处于"on"后，并未使用"PPO 切换检查清单"，直接将控制切换到 PPO-2 上，但 PPO-2 也被锁死。	• CBP 的"PPO 切换检查清单"要求： 1. PPO 在切换时两台 PPO 均应有人； 2. PPO 切换时应确认新 PPO 的控制状态（如 switch，level 等）与原 PPO 一致； 3. AT 应作为 co-pilot 负责协助飞行员执行检查清单 • CBP 运行批文要求 MP 执行任务时须有 IP 陪同
0333—0335			MP 意识到 MA 高度不能维持但不能判明原因（由于 PPO-2 的 condition level 和 PPO-1 不一致，导致发动机燃油阀关闭），决定关闭地面站向卫星的通信终端（GDT）迫使 MA 进入应急任务。AT 拔掉 PPO-1 处理柜插头，关闭 GDT 的开关。动力丧失后的 MA 不能维持 LOS 通信高度，LOS 重连失败。IP 在 MP 关闭 GDT 后到达，并发现了是由于 control level 位置不当的问题，但由于 MA 已经位于过低高度，LOS 不能重连。	• 0333：01，PPO-2 下方显示器显示发动机停车（丧失扭矩、无排气温度），且有告警 • 0333：15，机载设备视频丢失 • 03333：48 超速告警，俯仰振荡 • 03341：11MA 进入左转 • 0335：03 所有遥测信号丢失

（续表）

时间轴	涉及组织或人员	通信模式	近因事件	备　注
0336	AT		AT 前往移动地面站（MGCS）试图重连 MA 的通信链路	MA 飞行高度不能维持，持续下降，飞出了 TFR 区域，坠毁于距离诺格拉斯国际机场（OLS）西北 10 n mile 处，但未造成人员伤亡。
0339			丧失 MA 的应答机信号	
0352	空中交通管制（ATC）	卫星通信中断	通过西部防空区（WADS）空中防御雷达确定飞机在雷达上的最后位置，与之相关的亚利桑那州南部城市图森市的进场管理部门限定了 15 000 ft 以下空域，防止 MA 与其他飞行器碰撞。	
0625	海关与边境巡逻队（CBP）		通报 ATC，MA 残骸已被确认	

A.2　事故无人机"研制—维护—运行"过程的构成元素

此外，根据 NTSB 的事故调查报告[59]，总结出相关无人机系统、人员状态和组织监管措施及背景，作为 FPUAA 分析的基础。

（1）事故无人机（MA）：事故 MQ-9 无人机系统，序列号为 BP-101，由 GA-ASI 公司制造。

① condition level（CL）功能设置。机载设备操作员模式：CL 向前增加光圈，居中光圈锁定（33%～60%），向后减小光圈；

② 飞行员模式：0～33% 正常油门操纵模式（在有 SATCOM 信号且发动机处于自动模式下，如螺旋桨转速低于 1 500 rpm，发动机自动空中起动）；33%～60% 油门时，发动机燃油阀关闭，且不具备空中起动能力；66%～100% 油门时，顺桨模式（降低飞行阻力）。

③ 告警信号设置：当发动机故障时有报警音（所有报警音均相同），在事故中 AT 听到了报警声，但误作是 SATCOM 链接丢失的报警音。

④ 系统使用及维护状况：本次事故是该机的第 18 次飞行。该机的典型飞行任务是 14 h，每周 4 次。事故当时发动机和机体分别累积 498 和 1 217 h。该机最近一次的 200 h 机体维护时间是 2006 年 4 月 21 日，但是由于在起飞机场的

系统备件不足,如更换零件要向 GA‑ASI 申请邮寄。

⑤ 适航性状况:MQ 系列无人机在事故前均未获得 FAA 颁发的无人机系统适航证。如前所述,鉴于任务价值和类似无人机使用经验,FAA 临时颁发了 COA 豁免许可其在有监视的状态下在国家空域系统的运行。

(2) 地面站(GCS):MA 通过 LOS 和 SATCOM 两种通信模式进行控制,在 MP 切换 PPO 前,SATCOM 模式下的所有保持模式(高度、空速及航向)均处于正常开启状态。

(3) 事故飞行员(MP):35 岁,是通用原子能公司(GA‑ASI)员工。拥有商用飞行员及飞行教员双重资质(单/多发着陆及仪器测定)、高级地面教员资质,共有 3 571 飞行小时经验,其中无人机飞行小时数(含培训时数)记录如附表 A.2 所示。

表 A.2　2006 年 CBP 诺格拉斯 MQ‑9"捕食者"B 事故飞行员飞行小时数

机型	任务飞行时长/h	实机培训时长/h	模拟器时长/h
CBP 要求	200(有人) +200(无人)	未明	无
MQ‑1("捕食者"A)	519	150	50
MQ‑9("捕食者"B)	22(9 次近 90 天)	5	0

注:由于事故前 MQ‑9 地面模拟器尚未研制完成;CBP 对无人机培训时长要求不区分机种(即只计累积)。

根据 MP 的国防部及空军记录,2006 年 2 月 17 日,空军政府委任代表(GFR)批准 MP 开始 MQ‑9 机型培训,于 3 月 24 日完成培训。在事故后的 5 月 5 日,空军 GFR 以"培训项目未完成"驳回了 MP 申请 MQ‑9 飞行员的请求。事故调查表明,事故前 MP 的 *MQ‑9 Pilot Conversion Form* 中包含的未完成的项目包括(培训依据空军的分级准则对飞行员进行评估):

(1) 任务规划、简报、汇报。

(2) 移交流程——地面,任务监视/多功能工作站、机载仪器。

(3) 作战任务流程。

(4) 美国防务外包管理处(DCMA):隶属于国防部,负责向空军及 CBP 派出政府委任代表(GFR)监管承包商飞行员资质审批工作。

(5) 美国空军(USAF):隶属美国国防部。事故任务是由 CBP 借用空军的 MQ‑9 无人机系统为其执行边境巡查任务,空军负责审批 CBP 飞行员培训大纲。

（6）通用原子能公司（GA‐ASI）：负责按照国防部及空军审批后的培训大纲要求完成所有培训项目，提供培训记录供空军 GFR 审核。事故前，GA‐ASI 与 CBP 的 GFR（培训尚未完成）取得联系并通过其在空军 GFR 审批培训记录之前将 MP 列入了正式飞行员名单。负责在事故后对残骸回收，测试残留系统、分析数据记录仪确认事故原因（2006 年 5 月 17—18 日）。

（7）海关与边境巡逻队（CBP）：隶属美国国土安全部。2005 年 8 月，CBP 与 GA‐ASI 签署了无人机系统运行的委托外包合同。2005 年 9 月底，MA 抵达 Libby 陆军机场（即通过 R2303 限定空域内抵场）。2005 年 10 月 1 日，空中、海运，海关及边境保护办公室成立，全面负责无人机系统运行。2005 年 10 月 4 日，MA 开始执行任务。CBP 在无人机系统运行总要求中规定"所有操作员需同时具有外包商颁发的职业资质"。在事故前，GA‐ASI 无人机系统操作员培训大纲已得到了美国空军的批准。该培训大纲同时要求，GA‐ASI 在完成培训后应向 CBP 出示由"空军政府飞行代表（GFR）"审核后的相应培训记录，并由 CBP 的 GFR 对飞行员是否具备运行资格作出评判。

（8）政府委任代表（GFR）：对于本事故中的无人机系统而言，其存在 CBP 借用空军无人机再外包 GA‐ASI 负责运行的两层关系，而"防务外包管理处（DCMA）"应委任空军 GFR 监督 CBP GFR 工作（如审核培训记录），负责对商用外包商使用国防部飞机运行的监督。在事故发生前，CBP 的 GFR 尚未获得资质（在培训中），其给予了 GA‐ASI 一口头许可"该飞行员可在教员陪同下执行飞行任务"。

（9）Organizational Strategies 公司（OSI）：为 CBP 提供 LL 剖面航路点信息的承包商，基于互联网卫星地图选择人烟稀少区域划定航路点，但事故调查表明，OSI 及 CBP 使用的卫星地图是 1～3 年前的旧版本。

（10）美国联邦航空局（FAA）：其审批通过的 COA 于 2006 年 3 月 31 日向国土安全部/CBP 发放，生效期为 2006 年 4 月 1 日～2007 年 2 月 28 日。其规定了 CBP 的无人机系统运行的空域参数、运行准则及限制等。其主要内容包括：

a. 无人机需要在 LL 发生时有自动恢复的能力。

b. 限制的南部海岸线从 38～344 mile[①]，而 LOS 的能力限制范围实际为 175～344 mile。

---

　① 1 mile＝1 609.34 m。

c. 运行高度 13 000～15 000 ft①(据 LOS 能力于 2006 年 4 月改)。

d. 日间运行时间从 0000～1500(格林尼治时间)。

e. 无人机起降应通过限制空域 R2303,直到达到 15 000 ft,在 TFR 区域更换时飞行员应通报 ATC。

f. 夜间可视气象条件下(VMC)的起降飞行以及仪表飞行状态(IFR)下应处于临时飞行限制空域中。

g. 对 ATC 管理进行 COA 的强制培训(2006 年 3 月已完成),该 COA 中有关 LL 剖面流程如图 A.1 所示。

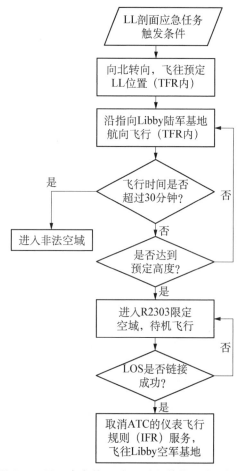

图 A.1　COA 中有关 LL 剖面流程的使用流程规定

① 1 ft=0.304 8 m。

　　h. 空中交通管制(ATC)：位于新墨西哥州阿尔伯克基市,负责依据 COA 规定,配合飞行员管理、分配 TFR,同时通过 MA 上的应答机监视其飞行,当无人机出现事故时,通知相关组织对有必要的空域进行限制,并协调对事故无人机残骸的定位。

附录 B 基于历史数据的美国空军 MQ‑1"捕食者"无人机事故建模基础及数据

B.1 美国空军 MQ‑1"捕食者"无人机系统安全性动力学 SFD 模型

在该模型中,参数/变量共分为 5 类,分别用相应的缩写冠之。

(1) 积累变量(stocks, S)。

(2) 流率变量(flows, F)。

(3) 辅助变量(auxiliary variables, A)。

(4) 常数参数(constants, C)。

(5) 表函数参数(data, D)。

本 SFD 模型共分为 7 个视图,如下所示。

(1) 组织层级与无人机任务出勤率、事故率层级视图(见图 B.1, SFD‑1)。

(2) 机组人员经验形成过程视图(见图 B.2, SFD‑2)。

(3) 维护人员经验形成过程视图(见图 B.3, SFD‑3)。

(4) 动力系统灾难性故障形成过程视图(见图 B.4, SFD‑4)。

(5) 飞控系统灾难性故障形成过程视图(见图 B.5, SFD‑5)。

(6) 卫星通信系统通信数据中断形成过程视图(见图 B.6, SFD‑6)。

(7) 着陆灾难性事故形成过程视图(见图 B.7, SFD‑7)。

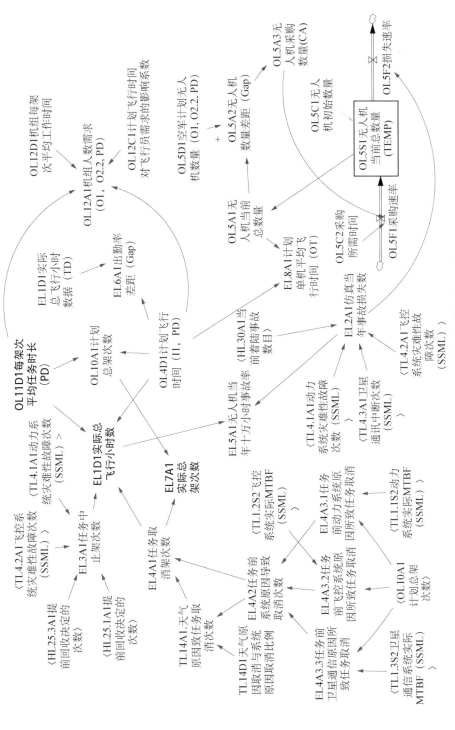

图 B.1 组织层级与无人机任务出勤率、事故率层级视图(SFD‐1)

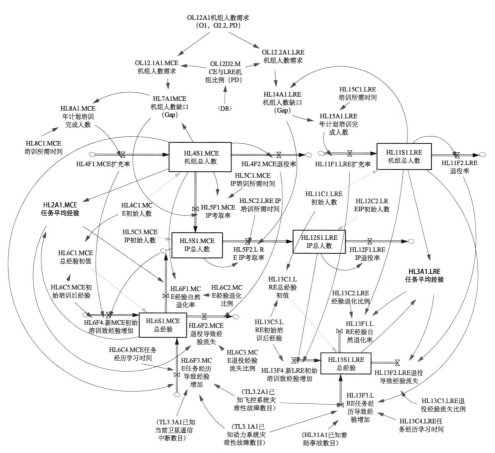

图 B.2　机组人员经验形成过程视图(SFD‐2)

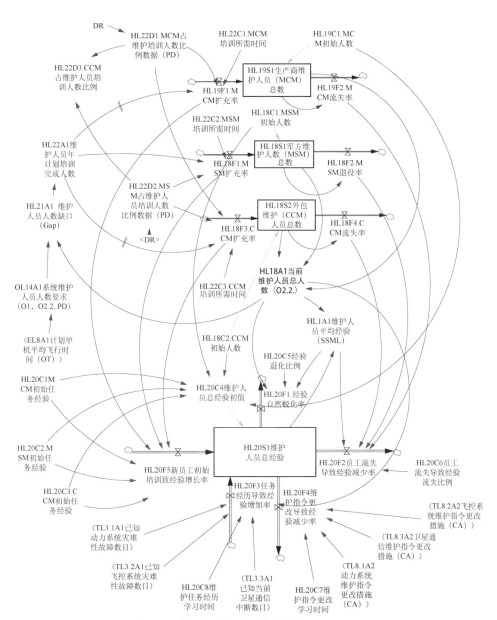

图 B.3　维护人员经验形成过程视图(SFD‑3)

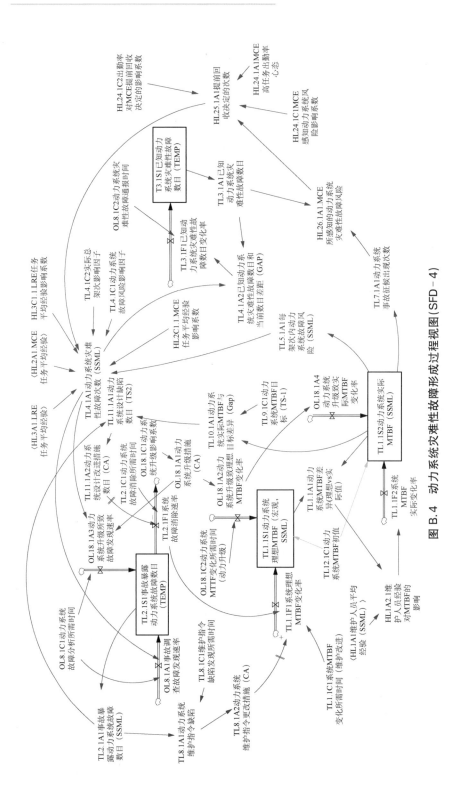

图 B.4 　动力系统灾难性故障形成过程视图(SFD-4)

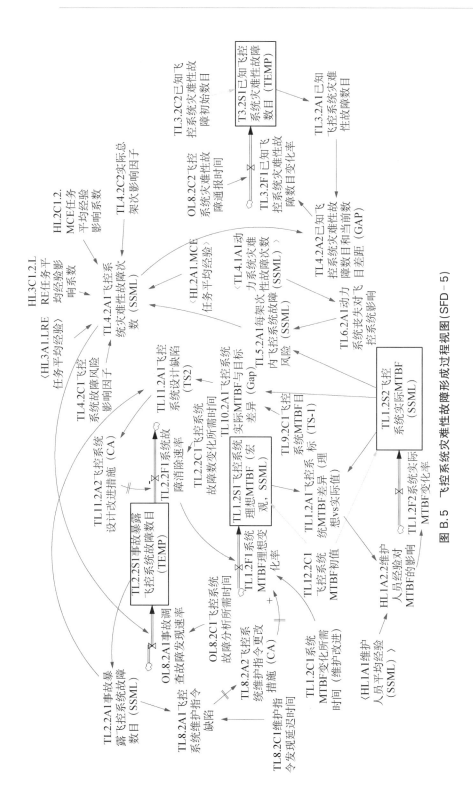

图 B.5　飞控系统灾难性故障形成过程视图 (SFD‑5)

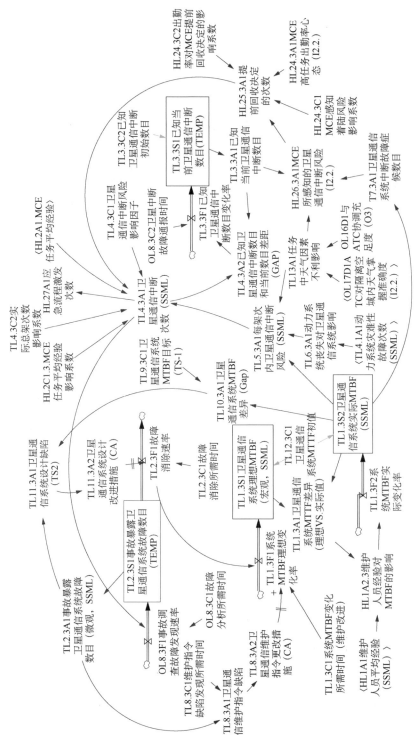

图 B.6　卫星通信系统通信数据中断形成过程视图(SFD-6)

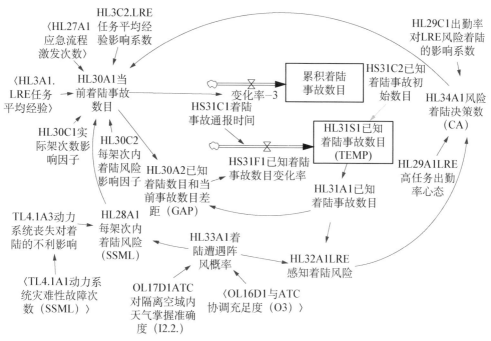

图 B.7 着陆灾难性事故形成过程视图(SFD‑7)

B.2 1994—2013 年美国空军 MQ‑1"捕食者"无人机运行数据

表 B.1 USAF 机队事故率及任务执行情况

财年	自然月	A 类事故总数/个	可获得事故报告数/个	报告数占事故总数比例/%	当年任务飞行时间/h	当年 A 类事故率/10⁵ h	当年任务飞行架次数/次
1994	12	0	0	—	168	0	54
1995	24	0	0	—	1 859	0	395
1996	36	5	3		2 627	190.33	601
1997	48	3	1	30	2 752	109.0	585
2000	84	3	1	100	11 678	25.69	1 670
2003	120	2	2	100	20 507	9.753	2 126
2004	132	6	4	67	31 383	19.119	2 990

（续表）

财年	自然月	A 类事故总数/个	可获得事故报告数/个	报告数占事故总数比例/%	当年任务飞行时间/h	当年 A 类事故率/10^5 h	当年任务飞行架次数/次
2006	156	5	3	60	57 798	8.651	4 805
2007	168	7	5	70	79 193	8.839	6 219
2008	180	10	8	80	147 980	6.758	11 012
2009	192	13	10	77	187 393	6.937	13 836
2011	216	12	9	75	239 304	5.015	19 311
2012	228	9	7	78	215 560	4.175	18 905
2013	240	7	6	67	198 619	3.524	19 076

表 B.2 动力系统灾难性故障数及相关 A 类事故随时间变化

FY 年	1994	1997	2000	2003	2006	2009	2011	2013
累积月	12	48	84	120	156	192	216	240
动力系统 MTBF/h	150	—	100	80	—	120	—	150
动力系统灾难性故障数/次	0	2	3	5	10	20	18	8
动力系统相关 A 类事故数/次	0	1	1	2	4	8	7	5

表 B.3 飞控系统灾难性故障数及相关 A 类事故随时间变化

FY 年	1994	1997	2000	2003	2006	2009	2011	2013
累积月	12	48	84	120	156	192	216	240
飞控系统 MTBF/h	2 500	—	—	2 600	—	2 800	—	3 200
飞控系统灾难性故障数/次	0	0	1	1	2	3	3	2
飞控系统相关 A 类事故数/次	0	0	1	1	2	3	3	2

表 B.4 卫星系统中断数及相关 A 类事故的数目随时间变化

FY 年	1994	1997	2000	2003	2006	2009	2011	2013
累积月	12	48	84	120	156	192	216	240
动力系统 MTBF/h	500	—	—	600	—	—	—	750
卫星通信系统中断数/次	10	15	10	10	20	40	20	10
卫星通信系统中断相关 A 类事故数/次	1	2	1	1	2	4	2	1

表 B.5 着陆阶段事故数目随时间变化

FY 年	1994	1997	2000	2003	2006	2009	2011	2013
累积月	12	48	84	120	156	192	216	240
着陆阶段相关事故数/次	0	0	2	0	2	6	3	0

表 B.6 USAF 机队机组人员及无人机数量

财年	自然月	实际机组人员总人数/人	实际维护人员总人数/人	计划无人机数量/架	实际无人机数量/架
1994	12	30	90	3	3
1995	24	—	—	8	5
1996	36	—	—		6
1997	48	500	900	—	—
1999	72	—	—		7
2000	84	450	1 500	20	—
2002	108	—	—	30	21
2004	132	—	—	80	60
2006	156	300	1 200	—	—
2009	192	500	3 500	120	105
2011	216	—	2 200	180	150
2013	240	1 200	2 500	160	149

缩 略 语

名词缩写	全 称	中 文
AIB	Accident Investigation Board	事故调查事故调查委员会
ARC	air risk class	空中风险等级
ASTM	American Society for Testing Materials	美国试验和材料协会
BVLOS	beyond visual line of sight	超视距
CLD	causal loop diagram	因果回路模型
EASA	European Aviation Safety Agency	欧洲航空安全局
ELS	equivalent level of safety	等效安全水平
EPT	extreme policy test	极限政策测试
FAA	Federal Aviation Administration	美国联邦航空局
FAR	Federal Aviation Regulations	美国联邦航空规章
FFI	flawed feedback information	有缺陷的反馈信息反馈信息
FPUAA	feedback process-based UAS accident analysis	基于反馈过程反馈过程的无人机系统事故分析方法
GRC	ground risk class	地面风险等级
GUSCS	general UAS safety control structure	通用的无人机系统安全性无人机系统安全性控制结构
GUSDM	generic UAS safety dynamics model	通用的无人机系统安全性无人机系统安全性动力学模型
HCA	hazardous control action	危险的控制行为控制行为
HFACS	human factors analysis and classificationsystem	人为因素人为因素分析和分类系统
ICAO	International Civil Aviation Organization	国际民用航空组织

ISASI	International Society of Aviation Safety Investigation	国际航空安全调查员协会
JAA	Joint Aviation Authority	联合航空管理局
JARUS	Joint Authorities for Rulemaking on Unmanned Systems	无人机系统规章联合制定机构
LRE	launch and recovery element	发射回收机组
MCE	mission crew element	任务机组
MTBF	mean time between failures	平均故障间隔时间
MTOW	maximum take-off weight	最大起飞重量最大起飞重量
NATO	North Atlantic Treaty Organization	北大西洋公约组织
NTSB	National Transportation Safety Board	美国国家运输安全委员会
OSC	organization safety culture	组织安全性文化
OSO	operational safety objective	运行安全目标运行安全目标
PST	policy sensitivity test	政策敏感性测试
RCA	requirement for control action	控制行为需求控制行为需求
RCC	Range Commanders Council	美国靶场司令委员会
RTCA	Radio Technical Commission for Aeronautics	航空无线电技术委员会
SAE	Society of Automotive Engineers	美国汽车工程师协会
SATCOM	satellite communications	卫星通信
SD	system dynamics	系统动力学系统动力学
SFD	stock-flow diagram	存量流率图
SIB	Safety Investigation Board	美国空军安全调查委员会
SORA	specific operations risk assessment	特定运行风险评估运行风险评估
STAMP	systems-theoretic accident model and processes	基于系统理论系统理论的事故模型事故模型和过程
STPA	system-theoretic process analysis	基于系统理论系统理论的过程分析
TC	type certificate	型号合格证
UAS	unmanned aerial system	无人机系统
USAF	U. S. air force	美国空军
VFR	visual flight rules	仪表飞行规则
VLOS	visual line of sight	视距内

索　引